陸上自衛隊
現用戦車
写真集

目次
the table of contents

●おことわり

本書掲載の写真は、陸上自衛隊の諸部隊および隊員の皆様の多大なご協力により撮影されました。その都度、状況説明もいただきました。記述については正確さを心がけていますが、誤りがあればすべて編著者の聞き違いや思い込みによるものです。また戦車の所属部隊や隊員の階級などはすべて撮影当時のもので、現在とは異なる場合があります。

▼2014年1月6日に行なわれた第1機甲教育隊 平成26年 年頭訓練（訓練始め）における年頭記念撮影。霊峰富士を背景に、陸上自衛隊が装備している4種類の戦車が整列した。
[写真／本田圭吾（インタニヤ）]

95-2658

90TK

陸上自衛隊90式戦車；形式 90TK

国産戦車の三代目となるのが90式戦車。120㎜滑腔砲、特殊装甲（複合装甲）、1500馬力級エンジンという、“第三世代”戦車を象徴する三種の神器をすべて備えた強力な戦車として完成した。加えて自動装填装置の採用と3名乗務、サーマル（熱線映像装置）の利用による複数目標の自動追尾機能など、世界に先駆けた技術も満載。

●2010年8月21日、富士総合火力演習の練成訓練において、総火演では畑岡広場と通称されるCR3（第3戦闘射場）での射撃を終え、待機位置へと戻ろうとする戦車教導隊第5中隊の90式戦車小隊。同中隊は2012年3月に装備戦車と隊員の多くを第3中隊へ引き継ぐかたちで廃止（解隊）された。車長の私物ゴーグルが目を引くが、公開演習で使う官品（支給品）を汚さないためだろう。

90式戦車の概要

90式戦車は、陸上自衛隊が装備する国産戦車として三代目に当たる。1990年8月に制式制定され、同年度から調達が始まった。1992年3月までに第1期調達分の30両が完成、同年度から部隊での使用が開始された。調達は2009年度までちょうど20年間続き、合計約340両が生産されている。

90式戦車の開発目的は「戦車部隊に装備し、機動打撃の基幹または対戦車戦闘の骨幹として使用する」ことにある。その基幹または骨幹の中心をなす火力は、ラインメタルの120㎜滑腔砲（本来の読みは“かっこうほう”だが、“かっくうほう”と呼び馴らわす場合が少なくない）を採用、日本製鋼所がライセンス生産して装備した。欧米諸国の戦車の標準ともなった優秀な砲であり、四半世紀を経た現在でも第一級として通用する火力を保っている。

これにレーザ測遠機（測距儀）、デジタル式射撃統制装置（FCS）、世界で初めて目標の自動追尾機能を備えた熱線映像装置（サーマル）、さらに世界に先駆けて実用化した自動装塡装置を組み合わせ、走行間（走行中）においても迅速に正確な射撃ができる。FCSには横風測定を含む弾道諸元センサが備えられ、射撃精度を高めている。

機動力は、水冷2ストロークV型10気筒のディーゼルエンジン、自動変速装置、静油圧式操向装置をパワーパックとして一体化。約50tの重量に対して出力は1,500馬力と、各国の戦車に比べてもトップクラスの出力重量比を達成している。転輪を支える懸架装置（サスペンション）は、前後の2脚（2軸）ずつを油気圧式、中央2脚をトーションバー式としたハイブリッドとなった。

不整地の場合でも軽快かつ機敏に走行することができるほか、姿勢制御（車高の高低と前後方向の傾斜）により地勢条件を克服する。これは車高を低く抑えながら戦車砲の射角（俯仰角）を大きくとることができ、山や丘の稜線を利用した稜線射撃などで優位性を発揮する。

●富士総合火力演習の練成訓練において、待機エリアを出て、CR3に向かう戦車教導隊第2中隊の90式戦車小隊。CR3の周辺は土の目が細かいため、晴れると激しい土埃が舞い上がる。「装甲車帽」に青いカバー（通称“青帽”）を着けているのは安全係を示すもの。90式戦車は、砲手席の背後に安全係が立つ余裕がある。2011年8月18日の撮影。

防禦力に関しては、車体と砲塔の前面に「特殊装甲」を採用、装甲鋼板を溶接で組み立てた車体と砲塔にあらかじめ設けられたスペースに「内装式モジュール装甲」として組み込み、徹甲弾と成形炸薬弾（HEAT）の双方に対して高い効果を発揮する。その構造は装甲鋼板でセラミックを挟み、強固な枠で拘束した“複合装甲”の一種といわれるが、内容は一切明らかにされていない。

間接的には、敵戦車砲や対戦車ミサイルなどのレーザ照射を検知する「レーザ検知装置」や、それと連動することもできる発煙弾発射装置によっても防護力を高めている。万一被弾しても、砲塔弾薬室の上面板が外れて爆風を逃がす「ブローオフパネル」や自動消火装置によって生存性を高めている。また個別ライン方式（乗員の防護マスクに清浄な空気を送る）の特殊武器防護装置によって、細菌や化学剤、放射性物質などによる汚染地域でも行動することができる。

90式戦車は標準型の「90式戦車」と「付属装置付き90式戦車」に分類され、後者としては「ドーザ装置付き90式戦車」と「92式地雷原処理ローラ付き90式戦車」が製造されている。また、「90式戦車(B)」の名称も確認されているが、改良点は明らかでない。車体コンポーネントを共用する派生型としては、90式戦車回収車が約30両製造されている。

●2009年8月21日、富士総合火力演習の練成訓練で、D1ポイントと呼ばれる待機エリアに集結しつつある第1戦車大隊第1中隊の74式戦車小隊。同中隊は2012年末に最初の10式戦車を受領して入魂式を行ない、翌年3月に10式戦車中隊として編成完結している。この角度（カメラは3m強の高さ）から見る74式戦車は、背の低さと扁平さが強調されている。

74TK

陸上自衛隊74式戦車；形式 74TK

国産戦車として二代目となる74式戦車は制式から丸40年を迎える。低くコンパクトで軽量な車体に、欧米諸国の標準戦車砲である105㎜ライフル砲を搭載。レーザ測遠機と弾道計算機、空冷2ストロークエンジン、姿勢制御の可能な油気圧式懸架装置など、独自の技術によって理想の戦車を追求。同世代の戦車をリードした。

74式戦車の概要

74式戦車は、61式戦車に続く二代目の国産戦車として開発された。名称の示すとおり1974年に制式制定され、同年度から1989年度までの16年間で約870両と、年間50両以上の調達が行なわれた。最終号車の部隊配備は'91年3月で、北海道から九州までの全国（ただし四国と沖縄を除く）に広く配備された。カバーする地域の広さや数の上では、現在でも陸自の主力戦車である。

とはいえ、2014年3月に北海道の独立機動部隊として60年の歴史を有する第1戦車群が廃止されるなど、戦車部隊の削減方針に伴う74式戦車の用途廃止（廃車）が進んでいる。中隊の数にして実質的に約20個（10式戦車との混成中隊が数個ある）まで削減されており、現役にある74式戦車はすでに総生産数の1/4に近づくまで少なくなっている。

74式戦車の用途は、「戦車部隊などに装備し、機動打撃の基幹または対戦車戦闘の骨幹として使用する」とされる。機動力を活かした「戦車や装甲車、その他の地上目標の撃破」が第一義である。

火力は、欧米諸国のスタンダードともなったイギリス原産の105㎜ライフル砲を採用、日本製鋼所が「105㎜戦車砲」としてライセンス生産した。これに開発当時としては先進的なレーザ測遠機（測距儀）、アナログ弾道計算機（のちにデジタル）、砲安定装置を組み合わせている。車長および砲手の照準潜望鏡には、射距離などのデータに応じたサーボ制御機構が組み込まれ、迅速で正確な射撃を可能とした。砲弾の装填は装填手の人力によるが、これらによって次発の装填、照準、射

撃まで5秒以下といわれる。

機動力は、日本独自の空冷2ストロークのV型10気筒ディーゼルエンジン、機械式パワーシフトのセミオートマチック変速機（発進／停止時だけクラッチ操作が必要）、多旋回半径型機械式操向装置により、複雑な地形においても軽快機敏に走行できる。特に、世界的にも採用が稀な油気圧式懸架装置を全脚に組み込み、前後左右への傾斜ならびに車高上下の姿勢制御を可能とした。これによって地形克服力が向上し、地形を利用した射撃体勢の自由度も増している。

防護力については、油気圧式懸架装置により砲の高低射界（俯仰角）を補いつつ、全高を極力低く設定、防弾鋼の溶接による車体と防弾鋳鋼の砲塔ともに“避弾経始”と呼ばれる傾斜デザインを採用した。また最高速度よりも発進加速力の向上に意を注いでいる。この当時は直接的な防護力を火力が圧倒しており、敵弾を防ぐよりも機動力によって命中させないことに重きを置かざるを得なかったのだ（もっとも、車体が低くコンパクトなことにより、車両重量38tと軽量なわりには、世界でもトップクラスの装甲厚が確保されているといわれる）。車内を密閉、特殊フィルターを通して加圧する特殊武器防護装置、発煙弾発射装置、消火装置によって生存性を高めている。

74式戦車の車体をベースとする派生型としては、78式戦車回収車が約50両作られている。また、新型車体ながらエンジンや足まわりなどの基本コンポーネントを74式戦車と共用する87式自走高射機関砲が1987年から2002年度までに約50両が調達された。その87式と略同型の車体を用いる91式戦車橋も約20両が作られている。

●富士教導団戦車教導隊の戦車射撃競技会における同隊第1中隊の74式戦車小隊。画面右手から進入した小隊の縦列がこれから一斉に左へ回頭し、一列横隊に展開しようとしている。まだ目標が付与されていないが、戦車砲は概ね標的の方向を指向している。防盾右側の直接照準眼鏡の開口部には、乗員の創意工夫により細長いパイプ状のフードが付けられている。2009年3月16日の撮影。

●2014年1月6日、第1機甲教育隊の平成26年 年頭訓練（訓練始め）。東富士演習場での部隊機動訓練を行なう第5陸士教育中隊の74式戦車（G）。立ちこめたガスに木漏れ日が射し、薄く積もった雪とともに印象的な光景を作り出した。一方、訓練はつねに狙撃手を想定し、車長、操縦手ともに視界が利く最低限の高さまでしか頭を出さない。このアングルでは、砲塔側面の丸みがより強調されて見える。

74TK(G)

陸上自衛隊74式戦車（G）；形式 74TK（G）

採用から約20年が経った頃、欠落が目立つ74式戦車の機能向上が企画された。74式戦車（G）は、90式戦車のサーマル（熱線映像装置）を移植して夜間戦闘能力を獲得。レーザ検知装置で敵の攻撃も察知できるようになった。そして新型の93式徹甲弾により、火力も大幅に梃入れされた。防護力以外は一線級にアップデートされた改修型といえる。

74式戦車（G）に至る改良の流れ

74式戦車は、基本形態の違いとして「74式戦車」と「付属装置付き74式戦車」に区分され、後者には「照準用暗視装置投光器部付き74式戦車」「ドーザ装置付き74式戦車」「照準用暗視装置投光器部、ドーザ付き74式戦車」「92式地雷原処理ローラ付き74式戦車」の4種類がある。付属装置は、標準型の戦車に任意に取付けることはできず、あらかじめ改修が施された特定の車両に、専用の架台などを装着すると取り付けることができる。いわば“特別仕様”である。

制式から40年を経た74式戦車だが、外観を大きく変化させることはなかった。ただ主に弾種の変更や追加により、火力のアップデートは重ねられてきた。

当初の使用弾種は、装弾筒付高速徹甲弾（APDS）と75式粘着榴弾（HEP）だった。これらに加えて、M735装弾筒付翼安定徹甲弾（APFSDS）を射撃できるよう弾薬架やFCSが改修され、名称が「74式戦車(B)」に改められた。前後して、車体の塗色がOD（オリーブドラブ）の単色から濃緑色と茶色による迷彩に変更された車両が74式戦車(C)となった。

74式戦車(D)となって砲身に耐熱被筒（サーマルスリーブ）が追加され、それ以前の車両も改造された（ただし部隊の判断で被筒を外している例も見られる）。さらに、HEPに代えて91式多目的対戦車榴弾（HEAT-MP）を射撃できるよう74式戦車(D)の仕様を変更（改造）したタイプが74式戦車(E)である。現役にある74式戦車は(D)か(E)のどちらかで、外観に相違はない。部隊では、建物やバンカーの破壊用として近年再評価された「HEPを撃てる(D)」、威力の大きい「対榴を撃てる(E)」と区別されている。以上の流れ

●第1機甲教育隊の第123期初級陸曹特技課程総合訓練の終了後、集結地を離れて駐屯地に戻ろうとする同隊第5陸士教育中隊の74式戦車（G）。仮設敵（対抗部隊）を務めた車両のため、識別しやすいように重機関銃の銃架を外している。それだけでかなり雰囲気が異なって見えるのが興味深い。後方は“デジタル”偽装を施した10式戦車。2013年12月7日の撮影。
［写真／本田圭吾］

とはやや異質なのが74式戦車(F) で、「74式戦車92式地雷原処理ローラ付き」がそれに当たる。

さて、90式戦車の調達ペースは74式戦車の半分以下であり、74式戦車に90式戦車の技術要素を加えて能力ギャップを縮め、また装備更新までの運用期間を延伸することが考えられた。既存の74式戦車を改修するかたちで1992 ～'93年に試作車1両が製作され、「74式戦車(G)」として制式が決定した。

改修は4両のみで終了したが、74式戦車(G)最大の遺産(?)は、同時期に開発された国産APFSDS 、93式装弾筒付翼安定徹甲弾である。「相手にする可能性があると想定される戦車に対して、砲塔前面にはやや分が悪くとも、車体前面ならば貫徹が可能な性能を有する」という93式徹甲弾は、74式戦車の価値を大幅にアップデートさせている。

外観として目を引くのは、それまでの白色光／赤外線の投光器に代わって、90式戦車の砲手用照準潜望鏡に組み込まれているサーマル（熱線映像装置）の改修型を装備したこと（新型だけに、90式戦車のものより写りがよいと聞く）。発射発煙装置（発煙弾発射筒）と連動するレーザ検知装置も装備された。

前部フェンダーは、サイドスカートを装着するための基部を設けるために5㎝ほど持ち上げられ、それを受けて前照灯直後の収納箱の形状も変更された。フェンダーの前端にはゴム製の泥よけが追加されている。車体側面にはスカートの基部が溶接された（試作車に付属していたスカート自体は製造されていないという）。

履帯脱落防止装置として起動輪にリング状のガード、最終減速機カバーにもガード板が追加されたほか、変速機の改修によって後退速度が向上している。また、90式戦車と同様のサプレッサー式消火装置の増設によって場所を奪われた12.7㎜重機関銃の弾薬箱を搭載するため、砲塔後部に本棚のようなラックが追加されたのも目立っている。なお、銘板の形式名称は「74(改)」である。

●第1機甲教育隊の初級陸曹特技課程総合訓練で対抗部隊を任じた10式戦車。バラキューダ（偽装網）に加え、テープを使ったモザイク状の偽装を施したほか、車体各部には草木を挿すためのゴムバンドや紐が張り巡らされている。 2013年12月7日撮影

10TK

陸上自衛隊10式戦車；形式 10TK

国産四代目となる10式戦車は、74式戦車なみの車体サイズに、90式戦車と同等以上の性能を盛り込んだ。国産120㎜砲は10式徹甲弾でよりパワーアップ。モジュール式装甲を採用、必要に応じて74式戦車と同じ40t級のトレーラーで輸送できる。車両間・部隊間のネットワークシステムを搭載。スラローム中の射撃も可能とした。

10式戦車の概要

欧米諸国が戦車の自国開発を取りやめたり既存戦車の改修を続けるなど、戦車の新規開発が停滞傾向にあるなか、国産四世代目となるTK-X（新戦車）が開発された。2009年に10式戦車として採用、第1期調達分（C1）の13両は2011年末から2012年3月までに部隊配備され、'12年度から運用が始まった。2014年度の在籍数は約40両。それまでは教育所要と第1戦車大隊の1個中隊を合わせて、いずれも富士地区の周辺に配置されていたが、C3仕様の約10両が初めて北海道の第2戦車連隊に配備されている。

10式戦車の使用目的は、90式戦車のそれを引き継いでいる。しかし数字の上では74式戦車とほぼ同規模の車体ながら、火力、防護力、機動力のすべてが90式戦車と同等かそれ以上となっている。

国産開発の120㎜滑腔砲は軽量薄肉砲身によって射撃反動を軽減、弾体形状や構造を最適化した10式徹甲弾と相まって貫徹力が増大した。視察装置、指揮射撃統制装置（90式戦車までの「射撃統制装置」に「指揮」が加わった）、砲弾の保持方法が改善されて信頼性を向上させた自動装填装置などにより、走行間においても移動する目標に対して迅速正確な射撃ができる。

車長用照準潜望鏡にサーマル（熱線映像装置）が組み込まれたことで、目標の自動追尾機能の同時対処数やハンターキラー能力も格段に向上した。また90式のピッチング（縦揺れ）だけに対し、ローリング（横揺れ）方向のジャイロセンサーが加わったことで、車体が激しく傾く蛇行機動（スラローム）中にも射撃することができる。

水冷ディーゼルエンジンは4ストロークとなり、90式戦車より2気筒減のV型8気筒配置に変わった。最高出力は同じく300馬力ダウンの1,200馬力となった。しかし静油圧機械（SHM）式無段階自動変速装置、動力再生型

静油圧二重差動方式操向装置の効率向上や内部損失の低減により、起動輪での出力は90式戦車と同等であるとされる。懸架装置は再び全脚油気圧式となった。

防護力については、車体前部と砲塔前部左右の特殊装甲をモジュール化、必要に応じて着脱が可能とした。砲塔側面にも装甲モジュールを取付けるためのボルト基部が多数設けられ、それらの保護と収納庫を兼ねた外装で覆っている。もちろん外装は二重装甲（空間装甲）としても機能する。

レーザ検知器と発煙弾発射機、ブローオフパネル、自動消火装置も装備し、生存性を高めている。ゴム製のスカートや遮熱板を付け、APU（補助動力装置）の排気口を地面に向けるなど、赤外線対策も取り入れられた。特殊武器防護装置は室内与圧・個別防護方式の選択式となっている。

モジュール式装甲の採用により、特殊装甲を外せば重量が74式戦車と同等の40t以下となる。90式戦車のような専用トレーラーを必要とせず、また通過できない橋などの割合が減ってルート選択の幅が広がるなど、戦略機動（長距離輸送）性にすぐれている。

10式戦車の大きな特徴として、C4I2（指揮・統制・通信・コンピュータ・情報・相互運用性）システムを初めて導入したことがある。データ通信用の専用無線機を備え、ハイビジョンカメラやサーマルが捉えた映像や地図情報などを戦車間で共有、交換、表示することができるほか、基幹連隊指揮統制システム（ReCs）に加入し、上級部隊や隣接部隊、各級指揮官との連携も可能だ。

付属装置付き10式戦車としては、ドーザ装置付き10式戦車（C3仕様で1両が作られた）と92式地雷原処理ローラ付き10式戦車（まだ量産型では作られていない）がある。車体に主要コンポーネントを共有する派生型では、現在のところ11式装軌車回収車（CVR）が1両のみ製造されている。

●新しく第2師団の第2戦車連隊第4中隊に約10両の10式戦車が配備された。同連隊は1個中隊が廃止されて5個中隊編成となったが、第一線の戦闘部隊としては唯一、10式・90式・74式戦車の3種類の戦車を装備することになった。第4中隊以外は90式と74式の混成中隊である。写真は2014年3月26日の編成完結式の模様。完成から間もないC3仕様の10式戦車が6両連なっている。

［写真／黒川省二朗］

諸元・性能の比較

	74式戦車（E）	74式戦車（G）	90式戦車	10式戦車
乗員	4名	←	3名	←
全備重量	38t	不明	50.2t	約44t
車体重量	36.3t	不明	48.8t	42.24t
全長	9.42m	←	9.75m	9.42m
全幅	3.18m	3.25m	3.43m	3.24m
車体幅	3.12m	←	3.33m	3.12m
全高（砲塔上面まで）	2.25m	←	2.33m	2.30m
（センサ端まで）	2.83m（重機上端まで）	←	3.04m	約2.9m（推定）
旋回性能	超信地	←	←	←
最高速度	53km/h	←	70km/h	70km/h（前進／後退とも）
エンジン形式	空冷2ストローク	←	水冷2ストローク	水冷4ストローク・
	ターボ過給ディーゼル	←	ターボ過給ディーゼル	ターボ過給ディーゼル
・気筒配列	90度V型10気筒	←	90度V型10気筒	V型8気筒
・最高出力	720ps/2,200rpm	←	1,500ps/2,400rpm	1,200ps/2,300rpm
変速装置	機械式パワーシフト（半自動）	←	トルクコンバータ付き機械式自動	静油圧機械式自動
・変速段数	前進6速、後退1速	前進6速、後退2速	前進4速、後退2速	前無段階
操向装置	多旋回半径型機械式	←	動力再生型静油圧式	←
サスペンション形式	油気圧式（全脚）	←	油気圧／トーションバー併用式	油気圧式（全脚）
・車体姿勢変換機能	前後・左右・上下	←	前後・上下	前後・左右・上下
武装	51口径105㎜ライフル砲	←	44口径120㎜滑腔砲	44口径120㎜滑腔砲（国産）
・使用弾種	M735装弾筒付翼安定徹甲弾	←	JM33A1装弾筒付翼安定徹甲弾	←
	91式多目的対戦車榴弾	←	JM12A1対戦車榴弾	←
	00式105㎜戦車砲用演習弾	←	00式120㎜戦車砲用演習弾	←
	77式105㎜戦車砲用空包	←	10式120㎜戦車砲用空包	←
		93式装弾筒付翼安定徹甲弾		10式装弾筒付翼安定徹甲弾
	12.7㎜重機関銃	←	←	←
	7.62㎜重機関銃	←	←	←
車長用潜望鏡	前方固定式		180度旋回式	360度旋回式
熱線映像装置	なし	砲手用固定式	砲手用固定式	砲手用固定式および車長用360度旋回式
目標自動追尾機能	なし	なし	あり（複数目標）	あり（多目標）
レーザー検知機	なし	前方をカバー	前方をカバー	全周をカバー
発煙弾発射装置	60㎜（連動なし）	60㎜（レーザー連動式）	76㎜（レーザー連動式）	←
指揮統制通信機能				
・音声無線通信	○	○	○	○
・基幹連隊指揮統制システムへの加入	×	×	△（一部車両に機能追加）	○
・戦車相互のデータ交換／表示	×	×	×	○

90TK

陸上自衛隊現用戦車
90式戦車と派生型

これまでは長年の間「数の上では、陸自の主力戦車は74式戦車である」といわれてきた。しかし配備から20年以上が経った現在、ようやく数の上でも90式戦車が最大勢力となってきたようだ。また、10式戦車の登場を受けて、先進的な“ヒトマル”とは異なる、いかにも力強くて重厚な“キューマル”のスタイリングも再評価されている。

ここからは、演習や訓練で捉えた90式戦車の名場面をはじめ、ドーザ付きと地雷原処理ローラ付きの付属装置付き90式戦車、90式戦車回収車による90式戦車のエンジン交換も掲載。普段はなかなか見られない砲塔・車体の上面ディテールも紹介しよう。

[写真／本田圭吾]

●90式戦車の小隊がカメラ前を通過してゆくシーン。左上の写真が最初の場面で、画面奥からコンクリート護岸のような場所を渡ってきた戦車が、大きく左に回り込むようにして画面右へ駈け抜けていった。この訓練では、10式戦車2両による第1小隊、90式戦車3両からなる第2および第3小隊が編成され、対抗部隊は10式戦車2両と74式戦車（G）1両、WAPC（96式装輪装甲車）3両が3個小隊に編成された。戦車は目立つ場所を避けながら、戦車同士の間隔をかなり空けて進むため、複数の車両を画面を捉えることは難しい。左下の写真の木陰には、交互躍進のため、先行小隊の10式戦車が掩護しているのだが、偽装のため識別困難だ。背後からの朝日に戦車の上面がよく反射し、光っているのが分かる。

第123期「初級陸曹特技課程総合訓練」での90式戦車の連続的な機動と射撃訓練の状況

以下4ページは、東富士演習場に敵1個機械化大隊が進出したと想定した訓練の一部。その一部をなす敵機械化中隊の侵攻を、第1機甲教育隊の3個戦車小隊が撃破するというシナリオに沿って行なわれた。相互に射撃支援しながら進む90式戦車の小隊は、草むらから草むらへと、あっという間に駆け抜けていった。2013年12月7日。

［写真／本田圭吾］

●以下の写真は、前ページの状況終了後、車体を覆っていた草木の偽装を大まかに落とし、戦車砲と連装銃の射撃予習を行なう様子。90式戦車は10式空包（10式120㎜戦車砲用空包）の開発まで空包がなく、訓練でも射撃状況の現示ができず不便だった。10式空包は77式空包（74式戦車用）のような迫力には欠けるが、タイミングが合うと第2小隊長車（金澤2尉）を捉えた下の写真のように小火球を捉えることができる。連装銃の射撃予習を行なっているのは小隊陸曹車（高吉2曹）で、射撃目標の後方から捉えたので重厚感のある構図となった。

[写真／本田圭吾]

[写真／本田圭吾]

95·2238

東富士演習場第5戦闘射場（CR5）において行なわれた90式戦車の弾道技術検査の模様

砲身の交換や分解整備などを行なった戦車は、補給処火器車両部から派遣される弾道技術検査班の実施する「弾道技術検査」を受検し、砲身の使用可能度の判定を受ける。初弾（初度射撃）は、安全のためいわゆる拉縄（りゅうじょう）射撃を行ない、合わせてレーダーを用いた初速測定を行なう。2014年2月19日の撮影。

◀ここで使われていた初速測定用レーダーはデンマーク製。フランスのカメラ用高級三脚として有名な「ジッツォ」に載せられていた（頭部に付ける雲台は、国産のベルボンであった）。三脚は射撃の爆風や振動で動かないよう、土嚢で固定され、弾道技術検査班の車両までは長いケーブルで結ばれている。左の写真2点ははレーダーの左側面と背面。
▲戦車に接続された「車外撃発箱」。拉縄射撃といっても用語として残っているだけで、戦車砲弾の撃発は電気的に行なう。要はリモコンスイッチである。メインの写真で分かるように、砲弾の装填と砲の照準作業を終えた乗員は下車し、戦車から10mばかり離れた場所でスイッチを押す。初速測定では7発の砲弾が使用された。

●上の2点は、中隊長車であり、戦車までの弾薬輸送用としても使われた73式装甲車（73APC）の車上から撮影。見慣れた90式戦車も、少しだけでも高い場所から見下ろすとかなり印象が変わる。この日は駐屯地から演習場までチェーンをつけた1 1/2トラック（中型）のお世話になったが、ゆっくり慎重に走るその横を、何事もない様子で動き回る戦車を見て、装軌車の機動力は別次元だと強く感じたのだった。

第72戦車連隊第3中隊（第7機甲師団）の冬期戦闘訓練で見られた雪中偽装に注目する

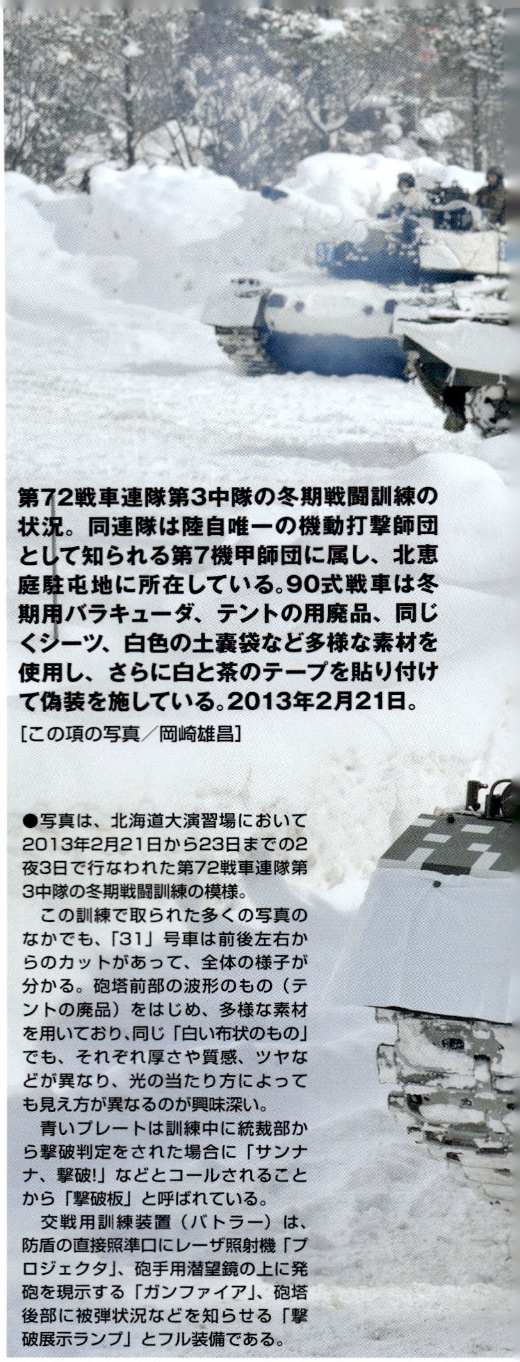

第72戦車連隊第3中隊の冬期戦闘訓練の状況。同連隊は陸自唯一の機動打撃師団として知られる第7機甲師団に属し、北恵庭駐屯地に所在している。90式戦車は冬期用バラキューダ、テントの用廃品、同じくシーツ、白色の土嚢袋など多様な素材を使用し、さらに白と茶のテープを貼り付けて偽装を施している。2013年2月21日。

［この項の写真／岡崎雄昌］

●写真は、北海道大演習場において2013年2月21日から23日までの2夜3日で行なわれた第72戦車連隊第3中隊の冬期戦闘訓練の模様。

この訓練で取られた多くの写真のなかでも、「31」号車は前後左右からのカットがあって、全体の様子が分かる。砲塔前部の波形のもの（テントの廃品）をはじめ、多様な素材を用いており、同じ「白い布状のもの」でも、それぞれ厚さや質感、ツヤなどが異なり、光の当たり方によっても見え方が異なるのが興味深い。

青いプレートは訓練中に統裁部から撃破判定をされた場合に「サンナナ、撃破！」などとコールされることから「撃破板」と呼ばれている。

交戦用訓練装置（バトラー）は、防盾の直接照準口にレーザ照射機「プロジェクタ」、砲手用潜望鏡の上に発砲を現示する「ガンファイア」、砲塔後部に被弾状況などを知らせる「撃破展示ランプ」とフル装備である。

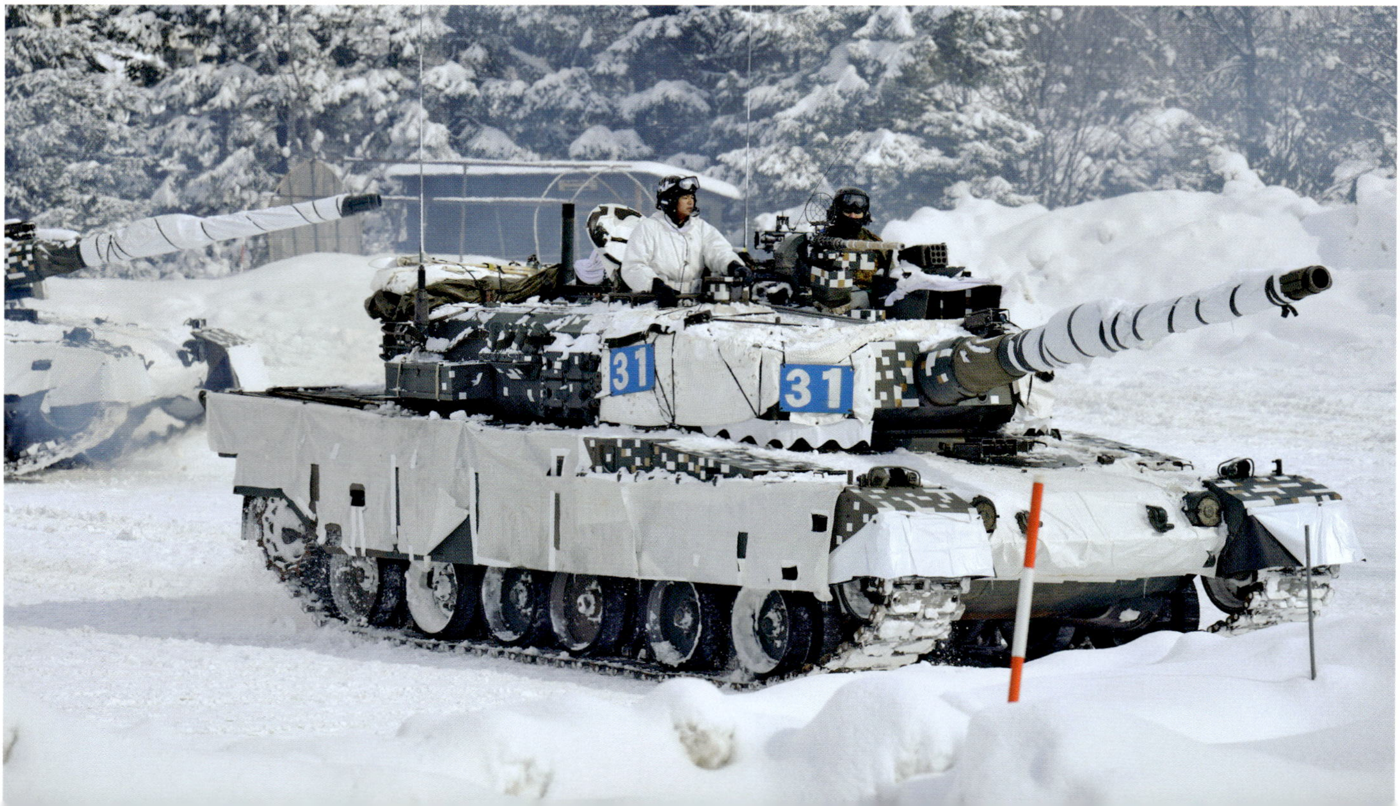

33
31

31

▲記念行事の模擬戦闘訓練展示において、目標に照準を追尾させながら敵陣に突入する第1機甲教育隊第1中隊の90式戦車。進路変更や路面の凹凸で車体の向きが変わっても、砲身の向きに少しも変わらない。履帯にはゴムパッドを装着しており、地盤が堅くてパッド部分が接地するだけなので、履板やエンドコネクターの錆が落ちていない。2013年4月5日。

▼この90式戦車は、第1機甲教育隊が属する東部方面混成団の記念行事のため、駒門駐屯地から神奈川県横須賀市の武山駐屯地まで、73式特大型セミトレーラー2両を使って輸送された。写真は急制動をかけて前傾した瞬間で、後部の転輪2個は宙に浮いている。90式戦車は柔軟なサスペンションを深く沈み込ませ、短い距離で停まることができる。2013年5月26日。

●翌日朝から射撃訓練を実施する第1陸曹教育中隊の90式戦車は、限られた射撃場の使用時間を無駄にしないため、午後3時に事前進出した。乗員は警戒員を残して駐屯地に戻った。エンジンオイルなどの点検ハッチにアクセスできるように砲塔を右に旋回させた様子は、まるで「頭、右」の敬礼を行なっているように見える。2013年11月8日の撮影。

第1機甲教育隊第1中隊の射撃訓練での光景

富士総合火力演習を支援した北海道の90式戦車装備部隊

富士総合火力演習は、富士教導団が中心となり、さまざまな部隊の支援によって実施されている。以前は第3あるいは第10戦車大隊の74式戦車も見られたが、ここ数年は在北海道の90式戦車の部隊（乗員）が持ち回りで支援しており、毎年異なる部隊マークを見ることができた。このページではそれらをご紹介したい。

▲2011年には真駒内駐屯地（現在は北恵庭に移駐）から、「士魂」のマークで知られる第11戦車大隊の乗員が参加した。撮影ポイントは左上の写真の少し手前（画面の奥）に当たる場所で、道路上に出る前に左右の安全確認をするため、伸び上がった乗員は左上と似たような姿勢になっている。それにしても土埃が凄まじい。8月18日の撮影。

▲2010年は第72戦車連隊の乗員が参加した（車両はまだ戦車教導隊第5中隊の表示のまま）。上の写真のさらに後方に当たる場所で、乗員の姿勢は低い。92式地雷原処理ローラを取付けることができる車両のため、車体前面と上面にはベースが設けられ、ライト類には飛び石などから保護するため透明な板が付属している。8月21日の撮影。

▲北千歳駐屯地の第71戦車連隊第3中隊の乗員が乗る90式戦車。低い場所から一段盛り上がった道路に出ようとエンジンを吹かした瞬間。戦車は戦車教導隊第2中隊のものだが、演習中は一時的に管理替え（所属を移す）が行なわれ、自隊の車両として扱うという。2009年8月22日の練成訓練中の撮影で、車体のマーキングはまだ変更されていない。

◀第2戦車連隊（上富良野駐屯地）は2008年に続いて2012年にも参加。車体は前日までに被った泥水が乾いて白っぽくなっているが、再び水たまり混じりの湿った路面を走ったため、写真のような状況になっている。点検射（試射）での撮影で、後方ではちょうど87式自走高射機関砲のエリコン35㎜機関砲が、猛烈な20連射を実施中。8月18日の撮影。

▶鹿追駐屯地に所在する第5戦車隊（現在は第5戦車大隊に縮小改編）は2007年に参加した。8月26日の公開演習（最終日とか本番といわれる）終了後のフェアウェルシーンでの光景で、各乗員は観客に向かって思い思いに挨拶している。演習の最後に発煙弾を発射した車両なので、発射器のキャップが外され、基部のフックに引っかけられている。

●12.7㎜重機関銃は、間もなく原型が開発されてから100年になろうとする。しかし、あまりにも完成度が高いため、代わるものが現れない傑作機関銃だ。戦車砲の砲身を損傷させてるほど威力が大きいため、陸自では写真で見られるような運用法が取られてきた。この状態では左右へ射界は限られるが、振り回すような撃ち方をするものではないし、必要があれば砲手と連携して砲塔を旋回させれば360度どの方向でも射撃することができる。10式戦車になって装備方法が変わったが、市街地戦闘への対応を本格的に考えた場合は、なんらかの対処が必要となるだろう。

12.7㎜重機関銃（M2 QCB）の射撃要領

以下の写真は、砲塔上の12.7㎜重機関銃を車長が射撃する場合のデモンストレーション。車体の前方を射撃するには、砲塔を右に旋回させた状態で行なう。これは威力の大きい重機関銃弾が砲身に当たり、砲身を損傷させる恐れを予防するためだという。当然、砲手が操作する場合は砲塔を反対側に振ることになる。

コッキング（初弾装塡）

地上掃射を想定した例

建築物の階上などを想定

航空機への射撃を想定

120㎜戦車砲用「砲腔視線眼鏡」とボアサイト(照準規整)

▼ボアサイト（照準規整）とは、砲身の向いている方向と照準眼鏡の狙いを一致させる作業。以前は砲口に十文字に細い線を張り、砲尾から覗いて砲身の向きを確認した（基準となる距離に置かれた標的を狙った）が、現在では「砲腔（ほうこう）視線眼鏡」と呼ばれる望遠鏡を使う。天体望遠鏡のように接眼部が横に突き出しており、これを覗くと砲身の軸線が正確にわかるので、まずこれを標的に一致させる。

▲砲腔から抜き出された砲腔視線眼鏡の本体と、その使用要領。脚立に乗った乗員のサムアップは、戦車内で直接照準眼鏡を覗いている砲手に対する合図。砲身の軸線が標的に合ったところで、照準器の狙い（照準線）が標的と一致するように砲手が照準器の調整を行なう。「ゼロイン」ともいい、両者が正確に一致して初めて狙ったところに命中するのだ。

砲腔視線眼鏡収納箱の内容と砲塔後部のラックに搭載した例

◀トプコン製の砲腔視線眼鏡一式を分解して収めた「砲腔視線眼鏡収納箱」と、それを90式戦車の砲塔左側の後部ラックに搭載した状態。ただし、通常は戦車に収納箱を搭載することはないようだ。

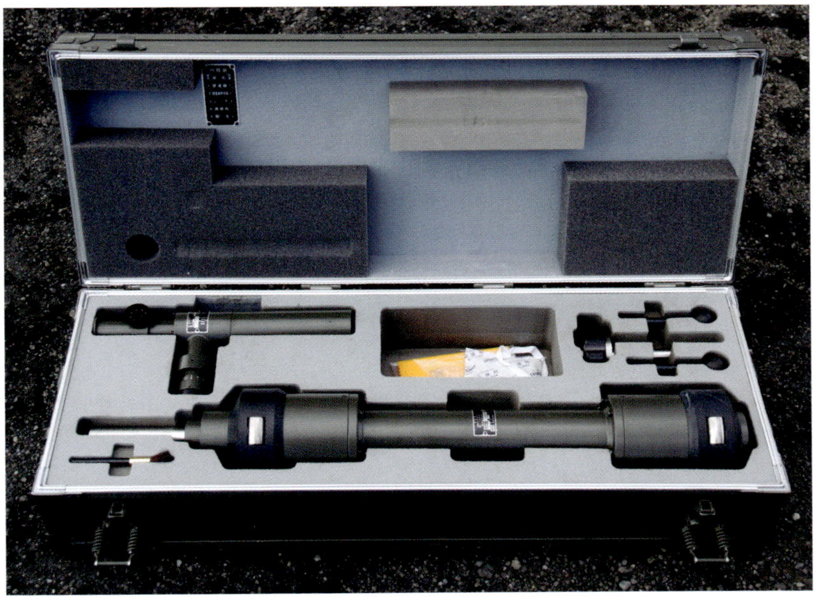

ドイツ・ライツ製の砲腔視線眼鏡

▼ドイツのライツ（ヴェッツラー）製「マズル・ボアサイト・エクイップメント MES 1A」。これは第1機甲教育隊の備品だが、戦車教導隊の射撃競技会の際にも複数確認している。90式戦車の導入初期に、ラインメタル製の120㎜砲身とともに、一定数が導入されたのだろう。

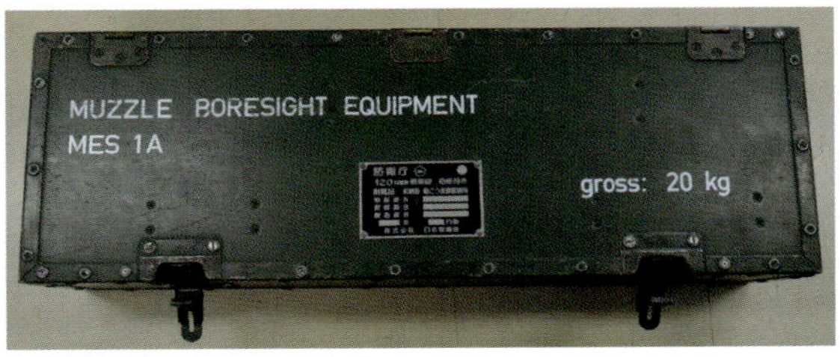

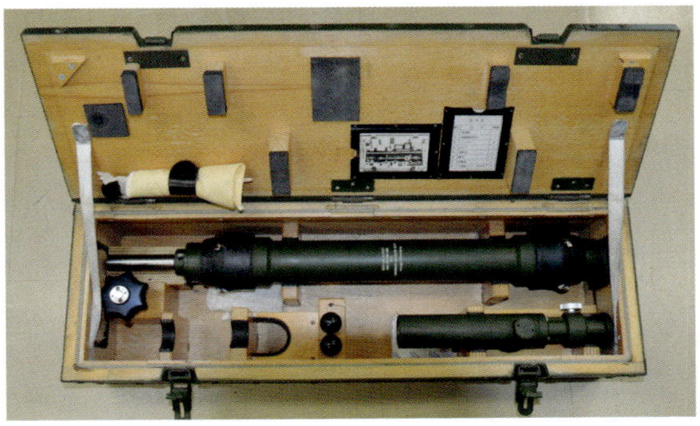

特定の90式戦車には専用のドーザ装置が取り付けられている。ドーザ（排土板）の操作は戦車内からは行なう。ブルドーザーほどの能力はないが、掩体を作るなどの軽易な排土作業を行なったり、障害物を押しのけたりするのに使用する。1個中隊に1両程度の割合で配備されているとすると、製造数はおそらく30両以下と思われる。

ドーザ装置付き90式戦車

［写真／本田圭吾］

●写真上は2012年7月8日、富士学校・富士駐屯地開設58周年記念行事における戦車教導隊第3中隊のドーザ装置付き90式戦車。第3中隊は同年の改編によって74式戦車から90式戦車に装備を更新した。下は2008年7月18日の同54周年記念行事予行における同第5中隊（2012年廃止）の車両。右ページ上は富士総合火力演習の宿営地における戦車教導隊第2中隊のドーザ装置付き90式戦車。2011年8月17日撮影。

排土板（ドーザブレード）は、車体前面下部に設けられた大型の基部に支持されたアームに取り付けられている。箱形構造のアームは油圧シリンダーによって戦車内から操作され、排土板を上下させることができる。

標準型の戦車では前照灯のあった位置に油圧シリンダーが配置されたため、前照灯は内側に移動している。これに伴って、排土板の上部には前照灯のための切り欠きが設けられているが、操縦手の視界を妨げないようこのようなレイアウトになったのだろう。

排土板が前部フェンダーの前をカバーするため、フェンダーに付属するゴム製の泥よけがごく小さなものに変更されている。

車体前面には特殊装甲のモジュールが内装されているため、油圧配管は操縦手ハッチの前端付近から取り回されている。

［写真／本田圭吾］

［細部写真6点／岩本富士雄］

90式戦車の一部車両には、92式地雷原処理ローラを装着することができるよう、所定の改装が行なわれている。92式地雷原処理ローラは主に小規模な地雷原の処理に使用されるもので、ローラ部が踏むことで感圧式の地雷を爆発させるほか、前方に左右3本ずつ突き出した磁石部で磁気反応式地雷に対処することもできる。

92式地雷原処理ローラ付き90式戦車

●38ページの写真5点は、2008年8月16日、富士総合火力演習（練成訓練）における戦車教導隊第2中隊の「92式地雷原処理ローラ付き90式戦車」。対戦車地雷は人員や軽車両が踏んだくらいでは爆発しないようにできているため、地雷原処理ローラは写真の5枚組のもので重量約11.8tにもなる。写真でも分かるとおり、太いチェーンに吊られたかたちのローラは、車軸に対して車輪の穴（軸受け）が大きく、それぞれが大きく偏芯しながら動く構造になっている。ローラは転がるというより、引きずられるようにして動く。この装置を装着すると、さしもの90式戦車も曲がるのに苦労するほど機動性を阻害されるという。なお、この演習では、触発式地雷の触角を払うためのチェーンがローラ部に装着されていなかった。

▲上の2枚はやはり2008年の総火演でのもので、90式戦車に92式地雷原処理ローラを取付けようとする状況。装置一式は、ローラ部やアーム部を分解した状態で収めるための架台が付いた専用のフルトレーラで輸送される。トレーラを牽くためのトラックはもちろんのこと、装置の着脱には重レッカや戦車回収車などのクレーンが必要になる。駐屯地では、トレーラに載せたまま、防水シートをかけて保管しているようだ。

◀写真は、同装置を外した状態の90式戦車。戦車教導隊第5中隊の車両で、車体前部の各所に装置を取り付けるための基部が見える。同年8月21日早朝の撮影。

90TKR

90式戦車回収車

90式戦車回収車は、戦車部隊や特科部隊などが、戦車に代表される重装軌車両の野外での回収作業や整備作業に使用する目的で製造された。90式戦車を基本とし、エンジンなどのコンポーネントを共用する車体に、吊り上げ能力25t以上のクレーン、牽引能力50tのウィンチなどの回収装置を装備している。調達数は約30両。

●この見開きページは各方向から見た90式戦車回収車で、41ページの上2点は2012年7月6日、ほかは2013年7月7日、いずれも富士学校・富士駐屯地開設記念行事での撮影。

重量は90式戦車と同じ約50tで、積載量50tの特大型運搬車が使えない場合に備えて、戦闘室は分離できるようボルトで結合されている。車体前部にはアウトリガーに相当するスペード（駐鋤＝ちゅうじょ）を装備しており、全脚に装備された油気圧式懸架装置（転輪の配置が等間隔になった）によって車高を落とし、スペードも接地させることで、安定した作業ができるようになっている。

車体後部上面には交換用のエンジンを搭載するための架台が設けられているほか、予備の120㎜砲身を積むこともできる。車体後端に搭載しているのは牽引用のトウバーで、基本的に戦車の牽引にはトウバーを使用する。とはいえ、上の写真で、あらかじめ牽引ワイヤを準備しているあたりが、不測の事態に備える車両をよく表しているように思う。

90式戦車回収車によるエンジン整備支援の状況

武器学校・土浦駐屯地開設60周年記念行事（2012年10月14日）において、訓練展示の一部として90式戦車回収車に大きな注目が集まるシーンがあった。敵の攻撃を受けてエンジン停止を起こした90式戦車に90式戦車回収車が急行。90式戦車の車体からエンジンを取り出して修理を施し、車体に戻す一連の作業を公開したのだ。

●当日展示された状況は以下のとおり。
「エンジン停止、再始動不能」の報を受けた整備小隊長は初期検査班を軽装甲機動車で派遣、90式戦車の車長から事情を聞く。整備小隊長の乗った小型トラック、交換部品や工具を積んだ3t半（大型トラック）とともに、90式戦車回収車が駆けつける。すでにスペードを下げ、車高を上げている。戦車の斜め後方につけた重レッカが、砲塔を270度（9時方向）に旋回させた戦車の上部鋼板（エンジンデッキ）を吊り上げる。その間に、回収車は車高を落とし、地面にスペードを押し付けて車体を安定させる。

エンジンは、大型の冷却ファン3基を備える冷却装置や変速操向機が一体化されたパワーパックとなっており、燃料配管や電気系統のカプラ、出力シャフトの接続を外すと、戦車回収車のクレーンで一体のまま吊り上げられた。それを地面に卸すかと思えば、作業しやすい高さに吊り下げたままスターター（セルモーター）を交換、修理が終わるとパワーパックは戦車に戻された。

配管類の接続が終わると、とくに保護材などを使わず、地面に直置きされていた上面鋼板が再び吊り上げられ、戦車に戻される。エンジンの再始動に成功、戦車は戦闘に戻った。状況終了。

武救
2
95-8140

90式戦車のディテール

90式戦車は特殊装甲（複合装甲）の採用により、74式戦車の流麗な曲面から一転、直線的なラインで構成されている。単純な箱の積み重ねのようにも見える。ところが、よく観察すると面構成は案外入り組んでいて、いたるところに小さな段差や面取りなどが確認できる。ここでは普段は見られない上面を中心に、細部を紹介しよう。

車長席の周辺と12.7㎜重機関銃

●タイトルカットは後方から見た砲塔上面で、各部の配置がよくわかる。車体に対して砲塔は右にオフセットされていて、戦車砲、12.7㎜重機関銃の銃架、横風センサも同一線上に置かれていない。砲塔後部は戦車砲の自動装填装置で占められ、弾薬は画面左下のハッチから弾薬室に格納される。その右側には3枚のブローオフパネルが配置され、万一弾薬に引火しても、このパネルが吹き飛ぶことで、戦闘室の乗員に被害が及ばないようになっている。

44ページ下の4枚は各方向から見た車長席。車長席の前には限定旋回式の車長用照準潜望鏡が置かれている。砲手が目標を狙っている間、これで別の目標を探して、間をおかずに射撃する“ハンターキラー”能力が備わり、砲手の射撃を待たずに車長の射撃を優先させる“オーバーライド”機能も備わる。車長ハッチは、車長が数㎝だけ開いて周囲を目視できるよう、頭部を覆う深いデザインになっている。開放したときにラッチがかかる固定具が付属するが、勝手に閉まらないよう、さらにチェーンをかけるようになっている。

45ページは12.7㎜重機関銃とその銃架。もともと対空射撃を主眼とするだけに高低射界（俯仰角）は大きく、ほとんど真上近くまで振り上げることができる。銃架の右側には射撃後のリンク受けが付属し、下側には空薬莢受けが付いている。重機関銃はキャリバー.50（0.50口径）を略した“キャリバー”の愛称で呼ばれることが多い。基本設計こそ古いが、近年のタイプはQCB（クイックチェンジバレル）と呼ばれ、無調整で銃身交換ができるようになった。穴開きの放熱被筒も、放熱口の周囲の面取りがなくなり、シンプルな形状に変更されている。また当初は片持ち式の銃身交換用ハンドルが目立っていたが、最近は取り外している場合が多いようだ。

ブローオフパネルと120㎜滑腔砲

●写真上では砲塔後面に注目。バスケット内のラックは燃料携行缶や機関銃弾薬箱を固定するためのもの。半分に切った古タイヤは、戦車を防水シートで覆う際に、あらかじめ銃架に被せておき、シートが破れたり、反対に銃架が壊れたりするのを防ぐ現場の創意工夫。バスケットの上端は、乗員がつねに掴んだり踏んだりしており、塗料が剥げて下地塗料や金属地肌が露出している。

砲塔と車体の上面各部に施されている“滑り止め”は、ごく薄い樹脂製のパッド（シート）を貼り付けたもの。光線の反射防止にも効果がある。砲塔後部右側のハッチは、乗員の携行品などを入れておくための収納スペース。

砲塔上面の周囲に配置された短い棒状のものは、ALS（自動装填装置）の整備などで砲塔上面の鋼板を吊り上げる場合に、アイボルトを締め込むためのもの。通常は普通のボルトが付けられている。

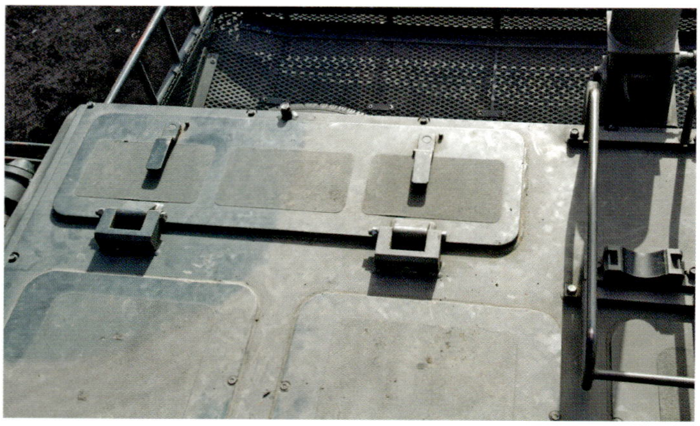

●120㎜戦車砲は、砲身の左右に駐退器と復座器のシリンダーが付属するため、防盾はやや幅広くなっている。上部に見える4つのボルトは、模擬交戦装置のレーザ発振機を取付けるためのもの。前面にある把手の付いたキャップは、上が砲手用の直接照準眼鏡、下が連装銃（74式車載7.62㎜機関銃）の開口部用。戦車を使用しない場合のほか、潜水徒渉時にも使用する。砲身周囲の4つの円形は、砲耳軸が付いている揺架に防盾を固定するボルト穴のキャップと思われる。新車時は樹脂素材の黒色だったように思うが、迷彩色に塗られている場合が多い。

防盾左右のキャンバス貼りの部分には、特殊装甲を内装しているが、キャンバスは反射防止にも効果があることが分かる。

砲身被筒（サーマルジャケット）と排煙器（エバキュエータ）は繊維強化プラスチック製。繊維の織り目が顕著だ。砲身を横に向けた走行状態で水たまりを踏むと、砲身にまで泥しぶきがかかる。防盾の下部には俯角を物理的に制限するための三角形の小片が溶接されている。

砲手用照準潜望鏡（砲手潜）

レーザー検知装置

●砲手用照準潜望鏡は、視察光学系、照準光学系、レーザ光学系、熱線映像光学系を共用。サーマル（熱線映像装置）は前方監視型CRT表示式で、目標の自動追尾機能を有する。全体を箱形の潜望鏡として光学経路を折り曲げることで防禦力を高めている。前面には防弾板が付属し、側面のノブを引くことでロックが解け、手動で開閉できる。

防盾の直後にはレーザ検知器が配置されている。敵戦車砲の測距用や対戦車ミサイルの照準用レーザを検知するもので、これに連動して発煙弾を発射する機能も備えている。

砲口照合ミラーは、砲口照合装置から発振されるレーザの反射鏡。同装置に戻るレーザ光の誤差から砲身の微妙な歪みを検知する。

砲口照合ミラー

横風センサと後部バスケット

●横風センサは、射距離や砲耳傾斜、装薬温度などとともに、弾道諸元としてFCS（射撃統制装置）のコンピュータに入力される風向と風速を計測する。未使用時はスリット部にキャップを被せ、前方に折り畳んでおく。

砲塔の「後部バスケット」は、パイプを溶接したフレームに、菱形の穴を開けた金属板をリベット留めした構造。大人4人が乗ってもびくともしない強度がある。

ページ下段の写真2枚は、めったに見ることができない砲塔後部の下面。底面は中央部と周囲で1㎝ほどの段差が設けられている。横行行進射など、砲塔を横に向けて悪路を走行したときには、かなり泥はねが付着するのがわかる。

この車両は、車体側面を土手などに擦り付けるような場面があったらしい。車体側面の上部には、塗装が剥げて赤い錆び止め塗料が露出した部分が目立つ。

発煙弾発射装置

●口径76㎜の発煙弾を撃ち出す装置として、4連装の「76㎜発煙弾発射機」が砲塔左右に1基ずつ装備されている。発煙弾の煙は、8発で前方約50m 、左右も各25mほどの範囲をカバーする。76㎜発煙弾発射機を含む装置全体は「発射発煙装置」、最近では「発煙弾発射装置」と称する（どちらにせよ、隊員は「ハツハツ」と略称している）。

左上の写真は76㎜発煙弾を装填した状態。発煙弾の頭部は、保管用のファイバーケースの蓋も兼ねたゴム製。装填時には防水キャップの役目も果たすと思われる。発射筒のキャップはネジ留めで、紛失防止用のチェーンが付属するが、装填時には発射機の根本のフックにチェーンが引っかけられている。

アンテナのマウントは前方と直立、後方45度を選べるようになっている。また、発煙弾発射機に隠れるようにして、前方に倒した場合のアンテナ固定具が溶接されている。

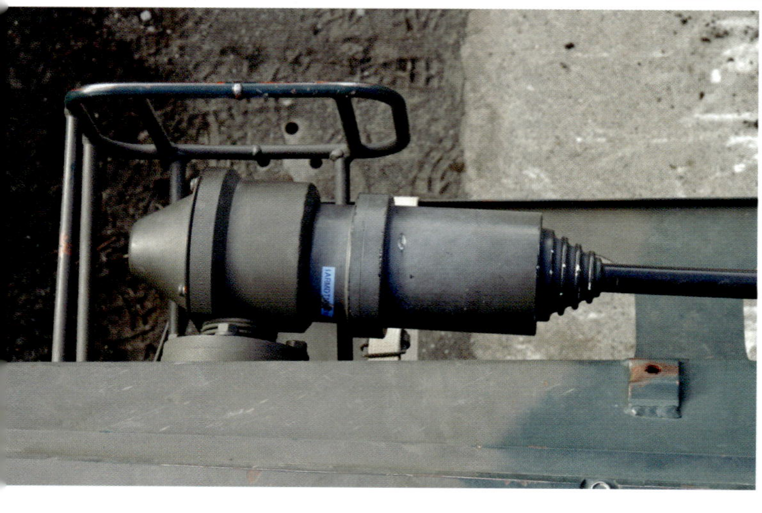

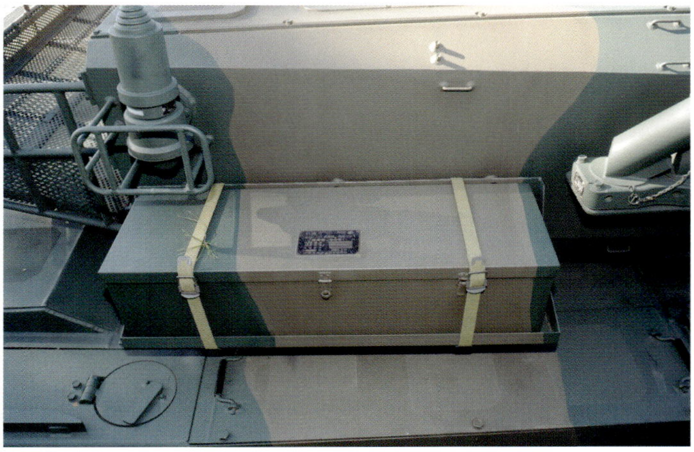

収納箱の搭載法

●砲塔の右後方には「120㎜戦車砲 砲座付き 附属品 収納箱」が搭載される。本来の塗色はOD色（オリーブドラブ）で、この位置にこれ以外の収納箱を搭載している例は見かけない。一方、砲塔後部左側のラックには、しばしば材質や大きさが異なる箱が搭載されている。それも、ラックに搭載したままアンテナ基部を避けて蓋が開閉できるように蓋を分割するなど、細工を施したものが多い。ここは90式戦車の乗員にとって創意工夫の見せどころとなっている。

収納箱を固定するコットン製のベルトは、ラックのループを通して取り回されている。砲塔下部の旋回リングに接する部分には換気装置の開口部が設けられている。

車体後部の上面（上部鋼板）

●このページの写真は、第1機甲教育隊のご厚意により、砲塔を真横に向けてもらって初めて撮影できたもの。本来の意味での“エンジン”デッキを写した、ディテールのページでも目玉的な1枚だ。縦にふたつ並んでいるのがエンジン燃焼用空気の吸気口で、この下にエンジンが収まっている。普段でも見えるグリルは冷却装置（ラジエター）の吸気用で、間隔の狭いルーバーが横方向に並び、ごく細かいメッシュが重ねられている。小さな点検ハッチの開閉レバーは、陸自戦車の場合、基本的にヒンジのほうを向いているのがロック状態。完全手動式（ハッチを閉めるだけではロックされない）なので、その都度指差し確認しないと閉め忘れるとか。

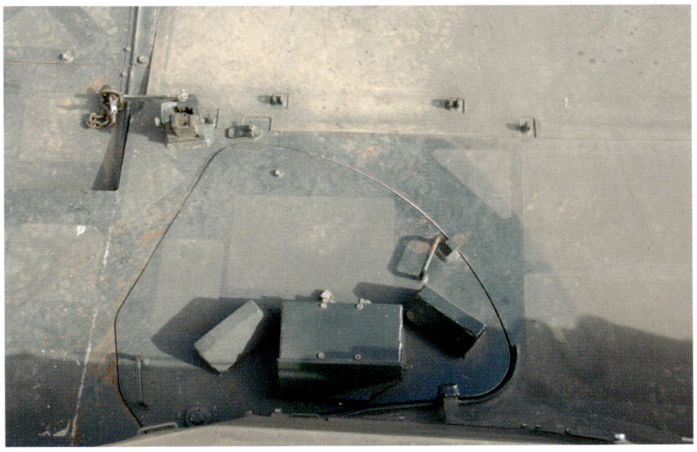

車体前部の上面

●左ページと同様に、操縦手ハッチの平面形、ハッチ開閉時にハッチ裏が車体と擦れた痕跡、乗員の乗降による靴跡や土ぼこりの汚れなど、いろいろと興味深い。車体の左側は乗降のために汚れ、把手は金属地肌が出るまで擦れ、ボルトやライト類の配線カバーも光っているが、右側はきれいなものだ。ハッチの前に付いているのは解放時の固定具。ハッチの上面に溶接された四角い鋼板を受け止め、さらに上から締め上げて固定する。その上で把手にチェーンをかけて、万が一にも不意に閉まることがないよう備えるのが陸自流だ。

転輪などの走行装置（足まわり）

●足まわりに関する一般的なイメージは、全体に“黒っぽい”だと思う。しかし、それは黒くペイントされた予備履帯や展示車両に幻惑されているのかもしれない。それとは裏腹に、実際の足まわりは、あちこちの金属地肌が剥き出しとなり光っているのが目につく。転輪のリム部には走行によって巻き込んだ砂や石が入り、それが転がることによって塗料が剥げ、下塗りがなくなり、ついには金属の地肌まで磨かれる。リムの縁は厚くなっており（ここは模型ではほとんどど再現されない部分だ）、いったん入った石はいつまでも回り続けるという。土砂は後方から巻き上げられて入り込むので、後方の転輪になるほどよく磨かれている。なお、90式戦車の転輪はアルミ製なので、ちょうどバフがけしたような色調と質感となっている。

履帯のセンターガイドとスカートなど

●90式戦車の履帯はダブルピン・シングルブロックと呼ばれる組み立て式。舗装路などで使うゴムパッドは、必要に応じてボルトで着脱できる。

センターガイド（右ページ下）は、転輪リムの裏側にボルト留めされたスチール製の「ハードプレート」と擦れて削られる。新品はもっと厚みがあるのだが、ここに写っているものは、どれもかなり摩滅が進んでいる。

前部フェンダーの泥避けは単純なゴムではなく、繊維強化されている。土手などに突っ込んだあとに後退する時など、これを巻き込んで破損することも稀ではないという。フェンダーごと持っていかれることもあるとか。

起動輪の歯の部分は摩耗したら交換するので、本体部分と塗色が異なる場合がある。ハードプレートやハブのボルトもそうだが、付け外しを行なった部分のナットは黄銅色なのですぐ気がつく。ホームセンターで売っている普通の市販品と同じだと聞いた。

戦車は視界が狭い。土手や切り通しの側面に車体を擦り付けてしまうのも珍しいことではなく、教育部隊では操縦に慣れていない学生が扱うから尚更だという。スカートが変形するほどではないが、下塗り塗料が露出している車両はときどき見かける。

転輪のアップでは、ゴムタイヤがリム部まで包み込んでいるのに注意。相当にゴムが傷むまで使っても、完全にリムが露出することはないようだ。

潜水渡渉装置

●潜水渡渉装置は、排気管に装着する水中排気弁、水中排気弁用タンク、車長席に取り付けるシュノーケルなどからなる。90式戦車はこれらに加え、砲口栓や吸気口蓋などを装着すると、2mの水深までを渡渉することができる。水中排気弁は、通常はバネで閉じられており、ディーゼルエンジンの高い排気圧がかかると開く仕組み。わずかに漏れる水は、排気管に逆流しないよう、タンクに落とす。エンジンの吸気は車体袖部の吸気口を閉じ、シュノーケルを通じて、戦闘室から行なう。潜水渡渉中は砲塔の旋回はできない。シュノーケルには74式戦車と同様のステップが付属するが、写真には写っていない。

HMG用環型照準具

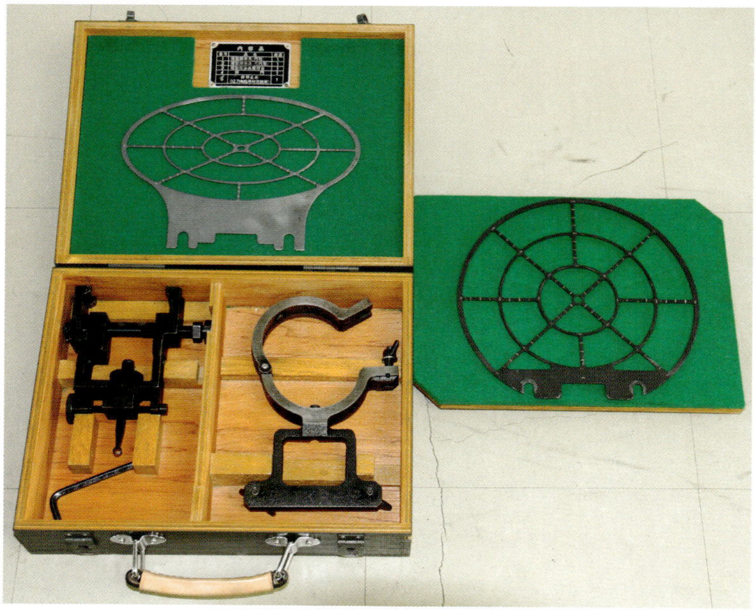

●写真は12.7㎜重機関銃に取り付ける対空用照準具のセット。「環型照準具（円形）」「環型照準具（だ円形）」「環型照準具取付台」「照門」そして「俯仰止め（12.7㎜HMG用対空銃架）」からなっている。環型照準具は、ちょっと木の枝などに引っかかっただけでも変形してしまうので、この写真のように新品同様のものは少ないという。

交戦用訓練装置（バトラー）を装着した第1戦車大隊第1中隊の74式戦車小隊

●第1機甲教育隊が射撃訓練を行なっている合間を見計らって、第1戦車大隊の74式戦車が第3戦闘射場（CR3）を通過していった。CR3は東富士演習場を縦貫する戦車道を断ち切るように位置するため、どの道もCR3の手前で合流してしまうのだ。各車とも砲塔の後部に手製の大型ラックを装着、バラキューダを展開するためのポールや、それを車体に取り付けるための短い鉄パイプ、悪路脱出用の丸太、警備用の有刺鉄線など、本格的な野戦演習のフル装備を施している。レーザ利用の交戦用訓練装置は「バトラーII」と呼ばれる新型で、受光部「ディテクタ」が磁石で張り付くようになっている。砲身上にはレーザ照射を行なう「プロジェクタ」が搭載されている。太くて短いコータム（広帯域多目的無線機）のアンテナはもちろん、砲手用照準潜望鏡に長いフードが装着されているのも目を引く。2013年11月8日の撮影。

第1機甲教育隊
平成26年「年頭訓練」

年始休暇が明けた初登庁日に行なわれた、いわゆる“訓練始め”における74式戦車。この見開き5点とも同じ日の2014年1月6日の撮影で、場所も戦車で20分走ったほどの範囲なのだが、標高の高い場所には3 ～ 4㎝残っていた雪も、第3戦闘射場では雪より地面のほうが目立つほど。それも太陽が高くなるにつれて消えていった。

●第1機甲教育隊の年頭訓練は、隷下の各中隊から1 ～ 2個小隊の車両が参加し、駒門駐屯地を出発して約20分の第3戦闘射場付近まで機動訓練を実施、車両を整列させて年頭の訓示・安全祈願などを行なった後に駐屯地に戻るという内容。昨年と進出ルートが変更されたため、木立の間を抜ける場所で、路面に積雪の残るカットを撮影することができた。右ページ上の写真では、圧縮側／伸び側ともに同じストロークを有する懸架装置（サスペンション）の動きが興味深い。

「野外無線機」用のアンテナを装備した第1機甲教育隊第2陸曹教育中隊の74式戦車

●射撃訓練を行なう第1機甲教育隊の74式戦車。10式戦車“C3”仕様が砲塔右側に付けているのと同じ形状のアンテナを装着しており、新型の「車両無線機」に換装しているのが分かる。これは85式野外無線機の後継である「野外無線機」に含まれる車両用（ほかに携帯無線機1号および同2号、機上無線機がある）で、送受信機（TR）と受信機（R）の組み合わせにより4タイプがある。小隊車両にはTR型1台が搭載され、各級の指揮官車は上級部隊の通信を聞くために受信機の台数が増えたTRR型またはTRRR型が積まれる。さらに送受信機2台で構成されたTRTR型であれば、無線の中継ができるといった具合だ。音声通信およびデータ伝送が可能で、各無線機を連接して多所1系統の通信ネットワークを構成することができる。基部がコイルスプリング状になったアンテナの上部約1/3は1段細くなっているので見分けることができる。ちなみにこの74式戦車はエンジンが完調でないらしく、排気口付近にオイル汚れが目立つ。2013年11月8日の撮影。

95-0575
1機教-2

1機教-2

●ドーザ付き74式戦車は、軽易な排土作業および障害物の除去などができるように改装されたタイプ。搭載弾薬数がわずかに減り、超堤能力などの機動性が若干スポイルされているが、戦闘能力は標準型と変わらない。

上側の写真3点は戦車教導隊第3中隊の同じ車両で、どれも2009年8月22日に東富士演習場の3地点で撮影。左側フェンダー上の操縦用暗視装置投光器（赤外線ライト）を付けているのが目を引く。これは初期生産車両に搭載された「74式操縦用暗視装置」の特徴。後期生産車両では82式操縦用暗視装置が搭載され、投光器は右側に1灯だけとなった。

左ページ下とドーザシリンダのアップは第1機甲教育隊第4陸士教育中隊の車両。2014年1月6日の「訓練始め」の帰路で、操縦手用ペリスコープの前に小さな注連縄（しめなわ）を着けている。この車両も新型の野外無線機（厳密には「車両無線機」）のアンテナを装着している。

ドーザ装置付き 74式戦車

74式戦車の一部車両は、専用のドーザ装置を装着し、油圧により戦車内からドーザ装置の操作ができる仕様になっている。ドーザブレードは、油気圧式懸架装置からの油圧によりドーザシリンダを作動させて上下する。ブレードを含む装置一式の重量は約1tである。

87AW

87式自走高射機関砲

機甲部隊に随伴して、近距離の航空脅威から部隊を守る自走式対空火器。74式戦車を基本とする新型車体に、2門のエリコン35㎜機関砲と捜索レーダおよび追随レーダ、射撃統制装置（FCS）を一体化した砲塔を搭載している。防空地点への進出、目標の発見、捕捉、射撃までを支援なしに単独で行なえる陸自で唯一の装備だ。生産数は約50両。

●以下の写真は、すべて富士総合火力演習に参加した高射教導隊第3中隊（千葉県・下志津駐屯地）の87式自走高射機関砲。87式は教育所要分以外は在北海道の第7機甲師団および第2師団に配備されている。

砲塔両側の発煙弾発射機が60㎜3連装のものが初期の生産仕様、76㎜4連装のタイプが後期の生産仕様だが、これは現在まで両者が混在している。35㎜機関砲は現在では射程が短いとか、近接信管が組み込めないと指摘されることもある。しかし射撃精度は驚くほど高いということだ。

左ページは2011年8月18日、右上は'09年8月22日、右中は'13年8月22日、右下の2点は'12年8月21日の撮影。移動時は捜索／追随レーダをコンパクトに折り畳んでいる。

【写真／本田圭吾】

91TKB

91式戦車橋

91式戦車橋は施設科部隊などに配備され、第一線（前線）地域の小河川、地隙などに迅速に橋梁を架設し、戦車などの戦闘車両の通過を支援する器材。87式自走高射機関砲とほぼ共通の車体に、全長20m（有効長18m）の橋体を2分割して搭載しており、油圧により橋体の展開／収容ができる。橋梁等級は90式戦車に相当する50t。生産数は約25両。

●91式戦車橋は、エンジンや走行装置などのコンポーネントを74式戦車と共用しており、姿勢制御を含む機能や機動性能は74式戦車と同様。乗員は車長と操縦手の2名である。

2分割で架台に搭載された橋梁は、水平押し出し（カンチレバー）方式によって5分以内で展開される。その手順は以下の通り。

まず車体前部のアウトリガ（ジャッキ）を下げ、車体姿勢を落として安定させる。次いで橋体のうち、下側に収納された前半部を前方に押し出し、後半部と連結する。一体となった橋体はジブに沿ってスライドし、さらに車体の前方へ押し出される。所定の位置まで橋体が前進したところで地面へ降ろされ、架設終了。

収容は逆の手順で行なわれ、架設の2倍程度の時間がかかる。ただ、橋体と車体の軸線を正確に一致させる必要があり、特に地盤が平坦でない場合は位置取りに手間取るか否かが、収容時間を左右するという。

91式戦車橋の展開シークエンス

［この項の写真8点／岩本富士雄］

●富士学校の開設記念行事予行の際に、模擬戦のシナリオの一部として橋体の展開をデモンストレーションする教育支援施設隊の91式戦車橋。アウトリガの接地から、橋梁（橋体）の架設までのシーンで、この後に架設装置から橋体を切り離し、車体部が架設場所を離脱する。この日は、行事の本番を前に器材トラブルを招くことがないよう、地面に角材を置いている。

演習場で見た 陸自戦車乗員戦闘スタイル

陸自の戦車乗員といえば、一般公開のパレードやプラモデルに付属するフィギュアなどから、オレンジ色のマフラーを巻き、装具類を身に着けないすっきりした印象が強い。ところが訓練や演習で見る戦車乗員はフル装備のうえ武装しており、ほとんど普通科隊員と変わらない。ここでは実際の服装が分かりやすい写真を選んでみた。

●このページの3点は、2013年11月15日に行なわれた第1機甲教育隊の機動訓練でのもの。途中から雨が降り出したため、通常の戦闘服と防寒戦闘服の外皮、雨衣が混在している。9㎜拳銃を持つ教官／助教が車長となり、89式小銃を持つ学生（全国の戦車部隊から入校）が砲手、装填手、操縦手となっている。

写真は乗員交代のシーンなので、頭に被っている鉄帽（ヘルメット）のほか、各自が自分の戦車帽を抱えているのに注意。

74式戦車用の戦車帽とヘッドセット

●74式戦車のヘッドセットは、ヘッドフォンの左右を連結するヘッドバンドを、戦車帽の後部に付属する金具に引っかけて装着する。ヘッドフォンは乗員の耳を騒音から守る役目もあって遮音性が高く、車外の人と直接会話する場合などには、片側を跳ね上げるシーンが見られる（下の写真を参照）。

マイクの形状は90式戦車用の装甲車帽に付属するものと同じ。ベルトで胸に装着する「胸掛け開閉器」は、無線と車内通話のスイッチで、車内通話はPTT（押したら話せる）と常時接続が選択できるようになっている。

ちなみに、90式戦車や10式戦車のものは正式な名称が「装甲車帽」で、96式装輪装甲車（WAPC）や99式自走155㎜榴弾砲（99HSP）の乗員も同じタイプを使用している。一方、74式戦車のものは「戦車帽」だが、89式装甲戦闘車（FV）や73式装甲車（73APC）の乗員も同じものを使用している。用途はまったく同じなので、単純な呼称の問題であろう。

新野外無線機用の新型も配備

●「新野外」とも通称される新型の車両無線機への更新に伴って、周辺機器も新型になった。ヘッドセットは、装着したまま鉄帽が被れるようにヘッドフォンの上部が削られたように薄くなり、マイクも10式戦車のものと同じタイプに変わった。「胸掛け開閉器」のデザインも新しくなっている。

▲戦車の乗降時における「報告」。戦車を下車する場合は鉄帽（ヘルメット）を着用する。全員が防寒戦闘服の外被を着ており、防護マスク4型を携行している。車長は9㎜拳銃、砲手と操縦手は弾帯吊りバンド（サスペンダー）を付けた弾帯に銃剣や弾倉入れを装着、89式小銃を手にしている。それぞれが防寒用のネックウォーマーに英軍ふうのメッシュマフラーを重ねているのが興味深い。夏場にも、日焼け防止や汗をかいた首筋が戦闘服に擦れて肌荒れするのを防ぐ目的でOD色や迷彩のマフラーが多用されている。学生のため名札が白く、ニーパッドを着けているのは、一般部隊と異なる点だ。2013年12月7日に撮影。

▲富士学校機甲科部の増強戦車中隊訓練において、状況中断により戦車の傍らで待機する戦車教導隊第3中隊の74式戦車乗員。2010年1月14日の撮影で、防寒戦闘服の上下を着用しており、それぞれがニットやフリース素材のネックウォーマーで防寒対策を行なっている。

▼上と同日の撮影。射撃済みの10式120㎜戦車砲用空包を返納する場面。89式小銃は3点式負い紐（いわゆるコンバットスリング）により身体の前面に携行されることが多い。銃剣の装着位置は右腰が多数派だが、サスペンダーに着ける例も少なくないようだ。

90式戦車用の装甲車帽（装甲帽）

●90式戦車の乗員が被る装甲車帽は、ヘッドセットを内蔵したレザー製の帽子に樹脂製のアウターを被せた二重構造で、メーカーはモータースポーツ用で知られる〈SHOEI〉。当初は74式戦車用と同じ形状のマイクが付属していたが、無線機の更新に伴って10式戦車用と同じマイクが付属するようになった。

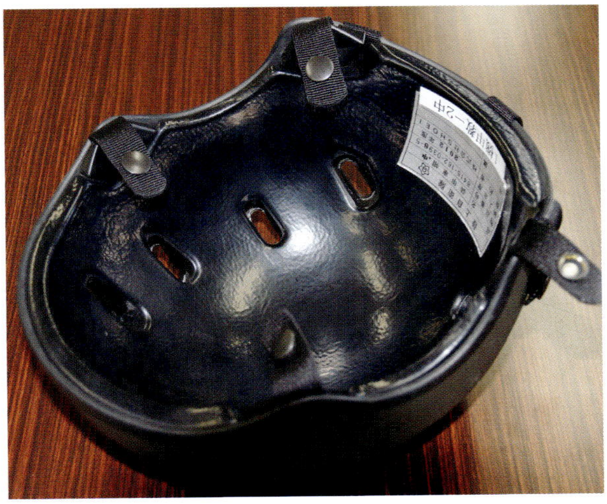

10式戦車用の装甲車帽

▲10式戦車用の装甲車帽はマイクの形状から識別できたが、90式戦車も無線機を更新した車両は同じになった。ただ、この写真ではマイクの風防の色が異なって見えるのだが、補修などの都合か、あるいは光のいたずらだろうか。

「戦闘ゴーグル2型」が新登場

▲2013年10月27日に挙行された自衛隊観閲式で行進する10式戦車。この日パレードした10式戦車の乗員が着用していたゴーグルは、レンズ部の高さ（上下幅）が従来のタイプのどれよりもコンパクトで、フレーム部とベルトがともにOD色のため、目立ち難いものだった。

乗員が携行する89式小銃（折り曲げ銃床型）

▼装甲車両の乗員はコンパクトに格納できる折り曲げ銃床型の89式小銃を携行する。弾倉も20連のものが基本となるようだ。熱心な手入れにより、パーカライズ（表面処理）を磨き落としかけているような状態の銃が多い。

74TK(G)

74式戦車（G）

74式戦車（G）は、既存の74式戦車に対して、90式戦車のサーマル（熱線映像装置）やレーザ検知装置を導入して夜間戦闘能力や間接的な防護力を向上させ、新開発の93式装弾筒付翼安定徹甲弾（APFSDS）によって攻撃力をアップした改良型。新造ではなく、74式戦車の改修（改造）というかたちで4両のみが作られた。

●自衛隊に入った新隊員は、3ヶ月間の前期教育（基本課程）を終えると職種が決まり、続いてやはり3ヶ月間の後期教育（特技課程）が行なわれる。写真は機甲科の特技課程の一環として第1機甲教育隊が実施した「装填手訓練（基礎）」の模様。

陸自の戦車乗員は全員が操縦免許「大型特殊車両（カタピラ付）」を取得するが、新人が最初に配置されるのが装填手であり、ここでは戦闘前哨に任ずる戦車の装填手として、停止状態での視察および警戒、報告、装填などの基礎的事項が訓練された。

74式戦車（G）は、バラキューダや草木で偽装して掩体にダッグインし、約1㎞先の移動目標を捕捉すると空包を射撃した。状況にもよるが、装填手がハッチから頭を出し、双眼鏡で視察・警戒することができるのは、4名乗員の戦車の利点のひとつだろう。

学生は射撃を終えると次の学生に交代して戦車を降り、自分の撃った空包を弾薬交付所へ返納する。学生は旧型の66式鉄帽を被り、64式小銃を携行しており、とても2013年9月13日の撮影とは思えない雰囲気が感じられる

第1機甲教育隊の「装填手訓練（基礎）」において
停止状態での戦闘前哨に任ずる74戦車（G）

駒門駐屯地創設54周年記念行事における第1機甲教育隊第5中隊の74式戦車（G）

▲第1機甲教育隊は、2012年の戦車教導隊の改編によって74式戦車（G）を管理換え（配置転換）された。戦車教導隊では74式戦車を装備する各中隊に振り分けていたので、このように74式戦車（G）が並ぶのは駒門駐屯地へ移ってからのことだ。もっとも、4両を第4中隊と第5中隊へ、それぞれ2両ずつ配分しているが、第1機甲教育隊では、行事などの際には同一車両をまとめて扱う（見せる）傾向が見られる。各車ともゴム履帯を装着している。2014年4月3日の撮影。

第1機甲教育隊 平成26年年頭訓練での同隊第5中隊の74式戦車（G）

▼2014年1月6日、東富士演習場第3戦闘射場での年頭訓示や安全祈願を終え、“訓練始め”の残り半分に当たる駐屯地までの機動訓練を開始した74式戦車（G）。このときは鉄履帯を装着しており、部隊マークも掲げていない。駐屯地記念行事までの間に履帯を履き替え、マークを貼り付けたのが分かる。

本車はサイドスカートの取り付け基部の増設に伴って前部フェンダーの上面が5㎝ほど高くなっており、車体側面にスカート器部が並んだことと合わせて重厚感が増している。

富士教導団戦車教導隊の射撃競技会で対戦車榴弾を射撃する74戦車（G）

●以下の3点は、富士教導団戦車教導隊が2009年3月16日に実施した戦車射撃競技会における同隊第3中隊の74式戦車（G)。このシーンの競技種目は、多数の標的が設置してある目標地域に向かって走行している間に、どの標的を撃つかが指示（目標付与）され、それを受けたら停止して射撃するというもの。

左隣の小隊僚車より0.2秒ほど早く射撃しているが、この競技では74式戦車（G）の有利さはないので、乗員の目標補足が素早かったのだろう。実戦なら、91式多目的対戦車榴弾（HEAT-MP）と93式装弾筒付翼安定徹甲弾（APFSDS）を射撃できる74式戦車（G）は頼もしいだろうが、教育や訓練の場に仕様の異なる少数の戦車が混在するのは、かえって使いづらかったと思われる。連続カットなので、射撃からわずかに遅れて車体上の埃が舞い上がる様子がよく分かる。

機甲総合訓練（戦車大隊訓練）に見る74式戦車（G）

富士学校機甲科部のFOCおよびAOC学生による「戦車大隊訓練」に参加した74式戦車（G）。この訓練は戦車大隊の指揮官または幕僚、ならびに戦車中隊長になるための課程に入校している1尉クラスの学生による最大規模の実動演習のため、戦車教導隊が全力で支援した。そのなかで86ページの写真と同じ車両を偶然捉えていた。

●このときの訓練は、40両からなる戦車1個大隊に、普通科や施設科の諸部隊、特科FO（前進観測班）が配属された増強戦車大隊が編成された。さらに空地協同訓練として航空学校のヘリコプター10機が参加するスケールの大きいものだった。訓練には対抗部隊が必要であり、攻撃側の戦車だけで40両ともなると、戦車教導隊だけでは必要数を賄うことができない。第1戦車大隊と評価支援隊戦車中隊の戦車も支援に当たっている。
写真の74式戦車（G）は同じ車両で、午前7時30分の状況開始を前に、新東名高速道路の橋脚下に待機中。地面に散らばったススキから、近くの草を刈ってきてその場で偽装を施したのが分かる。バラキューダとその展張用の竹竿、トラックの幌骨、砲塔後部ラックの延長部と飲料水のポリタンクなど、演習時に見られる典型的な姿になっている。灯火類は管制モードで、赤い4つの点は、後続車が車間距離を判断するための管制車幅灯（通称キャッツアイ）、その上の小さな点灯が管制停止灯（ブレーキ灯）。2007年1月14日の撮影で、夜明け前には小雪がちらつき、最低気温は零下7度くらいまで下がった。

［写真／本田圭吾］

74式戦車のディテール

74式戦車は北海道から九州まで広く配備され、陸自の戦車としては一般公開される機会が多い。また展示車両も増えていて、見ることは比較的容易だ。しかし、現役の74式戦車のディテールをまとめた資料は案外少ないように思う。そこで、普段はあまり目にすることができない砲塔や車体の上面を中心にして紹介してみたい。

車長席周辺と12.7㎜重機関銃

●車長用照準潜望鏡は、視察光学系、レーザ光学系を組み込んだ単眼式照準望遠鏡で、昼間と夜間の切り替えができ、暗視装置も内蔵している。照準器のレティクルは弾道計算機からのデータに連動する。左下の写真は乗員自作のフードを付属している例。車長用ハッチはロックを解くとヒンジに内蔵された板バネの力で数㎝持ち上がった状態となる。事故防止の安全策であり、車長が肉眼で周囲を視察する場合にも有効。

重機関銃の射撃要領

●12.7㎜重機関銃は、90式戦車のパートで触れたとおり、砲身を誤射しないように砲塔を旋回させて使用する。上の2点は車長が使用する場合を、やや異なるアングルから見たもの。その下は装填手が使うケースを想定。装填手が扱う場合のほうが射界が広く取れるのが見て取れる（薬莢受けが装着されていない）。予備銃身は、通常時には取り付けていないようだが、リクエストして付けてもらった。新品のように見える左下の重機関銃は、整備に際して再仕上げが施されたもの。

赤外線投光器と発煙弾発射機

●この見開きは、赤外線投光器とその架台、配線のコネクタでまとめてみた。投光器の正確な名称は「照準用暗視装置投光器部」で、前面ガラスの内部には3分割された可動式の赤外線フィルターがあり、これによって赤外線と可視光の切り替えができる。照準用の装置なので、防盾にボルト留めされた架台へはフレームを介して取り付けられ、上下左右への微調整ができるようになっている。また、投光器部本体の後部左上には、ボアサイト（照準規整）に使う小さなスコープ（照準器）が装備されている。

投光器と発煙弾発射機の後部にある端子とは2本のコードで結ばれており、コードは数カ所で砲塔に固定されている。端子のキャップや2本のコードなどがナイロンの結束バンドで整然とまとめられているのは、いかにも自衛隊らしい細やかな配慮といえるだろう。

左写真の第1機甲教育隊第2中隊のマークが描かれた板は、投光器部にキャンバスカバーをかける際に、前面ガラスを傷つけないための保護板。通常時も反射防止のためになんらかの板を取り付けている車両が多い。

防盾と直接照準眼鏡口

●防盾の開口部は、右側が直接照準眼鏡、左側が74式車載7.62㎜機関銃のもの。駐車時や潜水時にはキャップが取付けられるが、紛失防止のためチェーンやロープで結ばれている。照準口にはフードが取付けられることがある。

砲手用照準潜望鏡（砲手潜）

◀砲手用照準潜望鏡は単眼式の箱形で、照準光学系とレーザ光学系が組み込まれている。上部に小型のフードが付属した写真の状態が標準だが、斜光線を防ぐために乗員手作りの大型フードを取付けている例が多い。

装填手用潜望鏡

▲装填手席には旋回式の視察潜望鏡（ペリスコープ）が備えられている。砲塔上に出たヘッドカバー部は防水構造で、内部にはアメリカの供与品の「M6」または国産のJM6潜望鏡が装着される。

マストベースマウント

▲アンテナを差し込む部分はマストベースで、砲塔に付属して回転する部分がマストベースマウント。前方と直立、後方45度のロック機構があるが、振動などにより不意に倒れることがあるという。

直接照準眼鏡口蓋と7.62㎜機関銃口蓋

▼防盾のキャップを外した状態。写真右側が直接照準眼鏡口の蓋で、左側が7.62㎜機関銃口蓋。これを防盾に取り付ける部分も同じような構造の部品になっており、写真をよくみると分割線が確認できる。

装填手用ハッチ

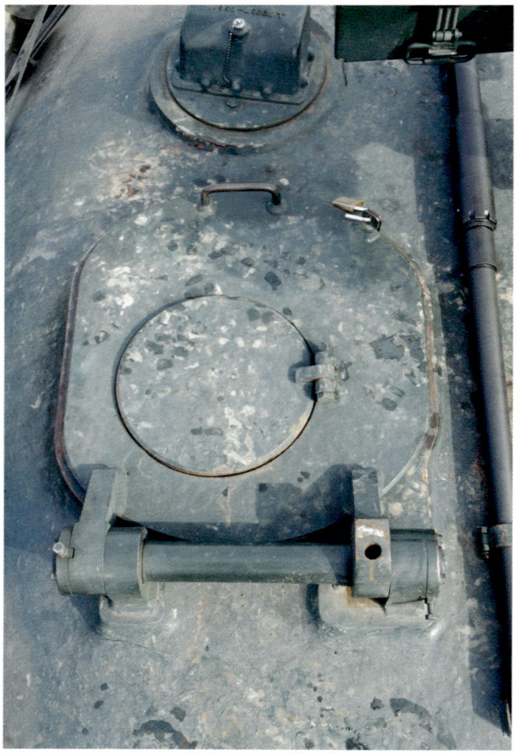

▲装填手用ハッチは閉鎖か開放のどちらかで、中間では固定されない。解放時のロック機構はあるが、走行時には安全のためチェーンをかける。中央部には「105㎜砲弾薬莢投棄窓」と呼ばれる小さなハッチが付属している。

車体上面と補助燃料タンク落下装置

●74式戦車は空冷式エンジンを搭載しており、動力室中央部のグリルから冷却用空気を吸い込む。シリンダヘッドとオイルクーラに吹き付けられて熱くなった空気は両側のグリルから排出される。後部には補助燃料タンクとしてドラム缶を搭載することができ、使用後のタンクは車内から後部へ落下させることができる。

砲身固定具

●戦車を輸送する時などは、砲身の振動によって砲耳（砲身を俯仰させるための軸）のベアリングが傷まないように、後方に向けた砲身をこのクランプで固定する。砲身と接する部分には薄いゴム板が貼り付けてある。固定具のヒンジの上下には、同じ形状のラッチ2個が付いていて、固定具の四角い穴に引っかけるようにしてロックする。

各条件下における履帯の状況

●74式戦車には「鉄履帯」と「ゴム履帯」の2種類の履帯が用意されている。ゴム履帯は本体にゴム部が一体成形されており、必要に応じて鉄履帯と使い分ける（履き替える）。

付属品としては、それぞれ専用の防滑具（いわゆるスパイク）もあって、鉄履帯用の防滑具はエンドコネクタ部に、ゴム履帯用のそれはセンターガイドに取り付ける。

履帯の写真は、乾いた土、雪（アイスバーン）、湿った土、水気を含んだ草地を走った例。

起動輪の前側には除雪具を取り付けることができる。当初は単純な板状のものだったが、現在は右の写真のように、分厚く頑丈なタイプになっている。

潜水補助装置

●潜水補助装置は、排気管のテールパイプを外してマフラに取り付ける排気ダクト、車長用ハッチのベースに取り付ける吸気用シュノーケルからなり、シュノーケルにはステップが付属している。

排気ダクトはシームレスのパイプではなく、板を丸めて成形してあり、車体への取り付け具がある側に、1本の溶接線が走っている。また、排気ダクトの付け根は、マフラの振動を吸収するために蛇腹状になっている。

これらに加え、砲口と連装銃（同軸機銃）、直接照準眼鏡などの開口部に蓋をするなどの準備をすれば、74式戦車は2mまでの水深を渡渉することが可能になる。

車上電話機

●戦車内の乗員と、車外の普通科隊員や施設部隊員などが通話するためのもの。市街地戦闘などに欠かせないため、車上電話機は近年その存在が見直されている。受話器のコードは、家庭用掃除機の電源コードのようにリールに巻かれていて、任意の長さに引き出して使える構造になっている。

ジャッキ

▲写真上は整備工場の棚に整然と並べて保管されている74式戦車のジャッキとジャッキ棒。横に突き出している短いパイプにジャッキ棒を差し込んで上下させると、ジャッキ本体から頭部がせり上がってくるのが見て取れる。

ジャッキ棒は、動力室（機関室）上面鋼板の左側に携行され、補助燃料タンク（ドラム缶）の搭載時にも使われる。

74式戦車（G）のディテール

74式戦車（G）は、74式戦車の改修型ではあるが、登録上からも「付属装置付き74式戦車」とは別の新型戦車として扱われている。とはいえ、大幅な改造は施されておらず、多くの部分はベースの74式戦車をそのまま引き継いでいる。ここでは照準用暗視装置を中心とする、74式戦車（G）ならではのディテールをご紹介したい。

照準用暗視装置（熱線映像装置）

●照準用暗視装置（熱線映像装置またはサーマルセンサ、通称"サーマル"）は、ただ映ればいいというカメラではなく、戦車砲の照準具として使われる。そのため、頑丈な架台上で上下左右に視線（角度）調整ができるようにマウントされ、それに装甲カバーを被せた二重構造になっている。

ネジによる微調整ができるリンクといい、砲身が後座するために砲身被筒（サーマルジャケット）を巻けない部分を覆う庇といい、部品の構成は非常に入り組んでいる。装甲カバー左側面に開いた丸い穴は視線調整用だろう。

レンズ前面の扉を車内から開閉する機構はなく、扉の開閉は車外から手動で行なうようだ。

暗視装置本体は基本的に90式戦車のものと同じながら、若干改良されているらしく、隊員によれば「90式戦車のサーマルよりよく映る」とのこと。

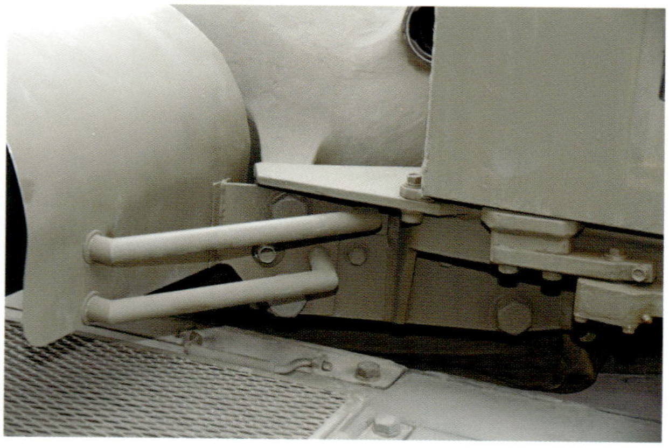

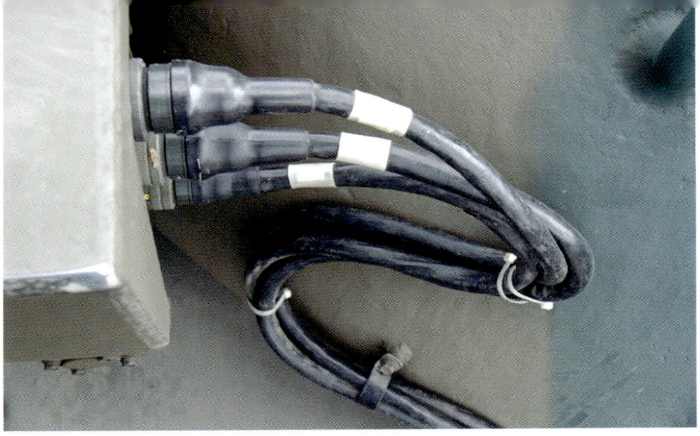

●サーマル本体と砲塔を結ぶコードは、74式戦車の赤外線投光器のものが2本だったのに対し、太いものが2本とそれより少し細いもの1本の計3本となった。
　コードには、それを防護するための装甲カバーが設けられている。比較的薄い鋼板を溶接してL型断面としたカバーは3分割されており、砲塔のラインに沿わせるため、横から見ても上から見ても、かなり複雑な形状になっている。発煙弾発射機の後部にはボックス状の接続部が設けられている。
　74式戦車(G)には、標準型の74式戦車から改修された車両と、投光器付きからの改修車両がある。写真は後者の例で、砲塔横の付属品箱のラックの下や発煙弾発射機付近をよく見ると、投光器のコードを砲塔に留めていたボルトの基部が、そのまま残っているのに気付く。

砲塔上面とレーザー検知器

●砲塔上面にはレーザ検知器が設けられている。形状は90式戦車のものと同様で、車体前方（180度以上の視界はありそうだ）からのレーザ照射を検知する。

戦車砲の測距用や対戦車ミサイルの誘導用など、これらの射撃前にはレーザ照射があるので、これを検知して発煙弾を発射すれば、照準や誘導を妨害あるいは無効にして、生存性を高めることができるのだ。

車長用照準潜望鏡の名称はJ3、砲手用はJ2だが、これらが配置されているあたりの砲塔の面構成や、車長用キューポラの形状は鋳鋼製ならではの複雑なデザインとなっている。ちなみに画面外だが、防盾の直接照準眼鏡の名称はJ1。

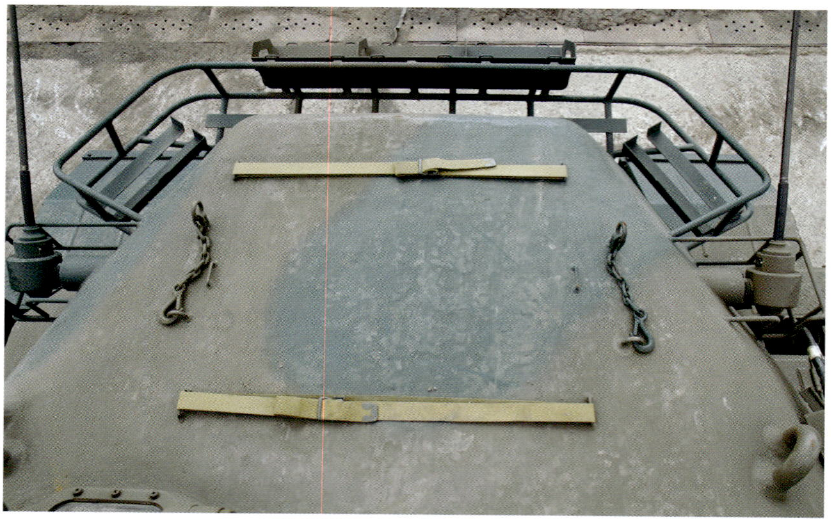

12.7㎜重機関銃用弾薬箱ラック

●90式戦車と同型のサプレッサー式消火装置の搭載のため、74式戦車では12.7㎜重機関銃の弾薬箱を格納していた場所が使われたという。そのため、砲塔の後部バスケットには車内から追い出された弾薬箱を搭載するためのラックが追加された。測ったことはないが、仕切りの幅は90式戦車の後部ラックにあるものと同じはずだ。

砲塔後部上面のベルトは車体カバー（防水シート）を積載、固定する場合に使用する。綿ベルトのため化学繊維に比べて耐候性や耐久性には欠けるきらいがあり、この車両のようにきれいな状態のものは少ないとのことだ。

前部フェンダーとスカート取付基部

●車体にサイドスカートを装着するための基部が設けられ、前部フェンダーの形状と取り付け位置が変更されている。灯火装置のハウジング直後には、厚さ5㎝はあろうかという頑丈な基部が増設され、そこから最前部のスカートを取り付けるためのアームが伸びている（4本のボルトが並ぶ部分）。このアームをクリアするためにフェンダーの取り付け方法が変わったが、フェンダー前部の支持架は従来品のままなので、整合を取るためにフェンダー自体の形状も変更されている。

また74式戦車には装備されていなかったゴム製の泥避けが左右フェンダーの先端に追加されている。これの有無で操縦手の負担は大きく違うという。

履帯脱落防止用リングほか

●起動輪の外側に履帯の脱落防止用リングが追加され、それに伴って車体側面の最終減速器カバーの周囲にも同じ目的のガードが設けられている。リングだけの場合、履帯が内側に外れてしまうための措置だという。ただ、履帯が外れにくくなった結果、起動輪の歯に石などを噛んだ場合、こんどはリングのほうが傷んでしまうことにもなった。

リングの設置により除雪具の取り付け基部も従来の下側に位置が変更され、取り付け具が新設されている。車体側面の2カ所には、スカートを支えるロッドを取り付けるためのベースが見える。

この74式戦車(G)は「再生履帯」を履いていた。すり減った履帯のグローサに肉盛りして整形したもので、グローサがメッキしたように光って見えている。

10式戦車 featuring 中村 桜

熱心なミリタリーファンとしても知られる声優の中村 桜さんはこれまでに数度10式戦車に搭乗、走行したことがあるという強者だ。ここでは駒門駐屯地での乗車のワンシーンを紹介。身に付けた装備品に要注目！

10TK (Appendices)

10式戦車（補遺）

10式戦車については『陸上自衛隊10式戦車写真集』（大日本絵画 刊）のなかで、試作車の初公開に始まる5年間の軌跡を詳しくリポートしている。
ここでは、3年目の調達で初めて製造された「ドーザ装置付き10式戦車」をはじめ、部隊が新車を受領して初めて行なう射撃、バラキューダを使い、デジタル模様の偽装を施した訓練の様子、C3仕様になって変更された部分など、補足情報を紹介しよう。

●10式戦車は、2014年4月現在で39両が配備されている。このうち唯一の「付属装置付き10式戦車」として作られたのが写真の車両だ。車体前面の形状やドーザ装置の周辺は試作3号車のものと同様で、74式戦車や90式戦車のドーザ仕様のように車体上部に油圧配管が露出せず、すっきりした印象も変わらない。2014年3月26日の撮影。

第2戦車連隊（上富良野駐屯地）の編成完結式において行進する「ドーザ装置付き10式戦車」。試作3号車で試験されたタイプの量産型に当たり、特定の10式戦車に、車内から油圧で操作できる専用の排土板を付属したもの。量産型の10式戦車としては、第3期調達（C3）によって初めて1両が製造された。

第2戦車連隊に初めて配備された「ドーザ装置付き10式戦車」“C3”仕様

▲写真は、弾薬の搭載作業を終えて射撃位置に進むシーン。この日は2両の10式戦車が使用され、120㎜戦車砲によるJM12A1対戦車榴弾の射撃と、連装銃（74式車載7.62㎜機関銃）の射撃が行なわれた。陽が高くなって気温が上がると、戦車が弾薬交付所と射撃位置を往復する場所の雪はシャーベット状になった。自分で巻き上げた泥水の飛沫が乾いてくると、車体の下半分は殆ど茶色1色に近い印象に変わっていった。

積雪の東富士演習場で実施された第1機甲教育隊の「戦車射撃訓練」

記録的な大雪の影響が各所に残る2014年2月19日、東富士演習場の第5戦闘射場（CR5）において、第1機甲教育隊第2陸曹教育中隊の戦車射撃訓練を取材した。この訓練は、今後10式戦車の配備が増えてゆくにつれて、同時に必要性が高まる教官、および助教の要員養成を目的として行なわれた。CR5は、富士総合火力演習が行なわれるCR3と異なり、めったに報道される機会がない射場であり、10式戦車の背景としては尚更であろう。

●左ページ上は、前掲の写真の1分ほど前に弾薬交付所から動き出した戦車。左下はそれとほぼ同時刻にバックで弾薬交付所に戻ってきた別の車両。路面を荒らしたくないときなど、戦車は後ろ向きで走行することが珍しくない。後退の速度が前進と同じで、「周囲確認装置（後方用）」という名のバックビューモニタを装備している10式戦車は、操縦手の後退動作もより容易になっているはずだ（後方を向いた車長の誘導は必須である）。

CR5は射場の両側を森に挟まれているが、富士山方向にある標的地域に向けての奥行きは広く、視界が開けている。この場面は純粋な射撃だけの訓練なので、偽装などは施していないが、周囲が雪だからといって、車体をむやみに白く塗る必要がないのは容易に想像がつく。このように背景に樹木などがある場合には、白い車体だとかえって目立つのが分かる。

上の2点はJM12A1対戦車榴弾の射撃。気温が低いのが火薬の燃焼に影響しているのか、火球の色調がいつもと異なっているように見える。

下は泥混じりの雪解け水を跳ね飛ばしながら走った結果。履帯だけは雪に磨かれたおかげで、新品の状態を保っている様子である。

「初級陸曹特技課程総合訓練」に見る第1機甲教育隊第2中隊の10式戦車“C3”

10式戦車で初めて“デジタル”偽装が試された。幅5㎝ほどのテープを切って張り付けているが、見た限り非常に印象的な効果を発揮していた。

[写真／本田圭吾]

●90式戦車の章でも紹介した『初級陸曹特技課程総合訓練』には3両の10式戦車が参加し、うち2両にはテープによる偽装が施されていた。砲身と砲塔前部はバラキューダ（偽装網）で覆い、車体前面にはナイロンメッシュをぶら下げていた。このメッシュは、園芸用としてホームセンターで売られている市販品。だが、ここは濃い影が落ちるため自然界では非常に目立つ部分であり、それを和らげるために相当有効だそうである。写真下は対抗部隊の識別用に重機関銃を外しているのが目を引く。

右ページは90式戦車小隊と連携しながら攻撃行動に出る10式戦車。藪から藪へと素早く移動するので、捉えるのに苦労するほどだった。2013年12月7日。

[写真／本田圭吾]

10式戦車“C3”仕様の量産第1号車が「弾道技術検査」のため初の実弾射撃

▼以下、一連の写真は2013年11月8日、東富士演習場の第3戦闘射場で行なわれた「初速測定」の状況。弾道技術検査は、まず「砲腔検査」によって砲身内部の状態や寸法精度をチェックし、異常がなければ「初速測定」を行なう。

なかでも興味深いのは初度射撃と呼ばれる最初の1発。砲弾（JM12A1対戦車榴弾）の装填と照準を終えると乗員は全員下車し、車外撃発箱と呼ばれる有線の発射スイッチを使って、いわゆる“拉縄(りゅうじょう)射撃”のスタイルを取るのだ。これはもちろん万一の場合の安全を考えてのこと。最初の1発が無事に射撃できたのが確認されると乗員は安心して戦車に戻り、通常の手順で射撃を続けたのだった。

戦車の前には初速測定用レーダが置かれ、戦車の横方向に数10m離れて駐車した関東補給処火器所領部・弾道技術班のトラックまでデータ伝送用ケーブルが導かれている。

右ページ下の4点は2発目以降の射撃。ファイアボールに少しだけ遅れて排煙器内の発射ガスが吐き出される様子がよく分かる。

交戦用訓練装置（バトラー）を装着した、第1戦車大隊第1中隊の10式戦車

▼本書60ページに掲載した74式戦車小隊には、1両の10式戦車が同行していた。車体には交戦用訓練装置を装着し、砲塔の後部バスケットに満載した演習用の荷物は防水シートで覆っている。

砲塔の前面から側面にかけての8カ所にレーザ受光部を装着しているが、小型で連結するコードも細いため、従来のタイプに比べて目立たないものになっている。この受光部は磁石によって、任意の位置に取り付けることができるという。

車体全体に偽装用のゴムベルトを着けているが、一般的にはベルトを長いまま取り回す例が多い。ところが写真の10式戦車（C2仕様）は、サイドスカート1枚の長さや、サイドモジュールのドアの大きさに合わせてベルトを切断し、両端に針金で自作したフックを組み合わせているのが興味深い。几帳面な印象を受ける10式戦車なのである。

新しく第1機甲教育隊に配備されたC3仕様の戦車が“最初の1発”を射撃する瞬間に立ち会った。新車、または砲身の整備や交換を行なった戦車は、自衛隊整備規則に則り、補給処の弾道技術班が実施する「弾道技術検査」を受検しなければならない。これによって砲身の使用可能度が判定されると、初めて部隊での使用が認められるのだ。

10式戦車のディテール

"C3"仕様の外観仕様変更ポイント

●10式戦車のC3（第3期調達）仕様といっても、基本的にはC2仕様までと変わっていない。変更点のひとつは、砲塔右側の通信用アンテナが、大型化したマストベースとともに、いわゆる「"新"野外無線機」用のものに変更されたこと。またALS（自動装填装置）の整備時などに、砲塔後部上面鋼板を外す場合に使うアイボルトをねじ込むためのボス（基部）が1カ所増えている（環境センサの左横に唐突に1本立っているのがそれ。普段は通常のボルトが締めてある）。

新型のアンテナマストは、根本がコイルスプリングになったが、写真のようにバネの部分が曲がりやすいらしい。

『陸上自衛隊10式戦車写真集』の補遺

●ここには『陸上自衛隊10式戦車写真集』（大日本絵画 刊）に「積み残してしまった」写真を3点掲載。下は砲手用ハッチの裏側で、前後に2分割で開く前側のものは、中央のレバーによって左右のロックが連動する仕組みになっているのが分かる。後ろに開くほうは、開閉レバーの中央に付いているノブを引くとレバーがフリーになるのが見て取れる。スカートの足掛けについては、ゴムが破けないかと心配している人がいるので、パイプの存在を改めて強調。それにしてもヒトマルには多くの「顔」が隠れている。

擬製弾(ダミー)による現用戦車砲弾の比較

第1機甲教育隊のご協力により、105㎜戦車砲と120㎜戦車砲の各種砲弾を並べて比較することができた。ここに掲げたのは、取り扱いの訓練などに使う擬製弾（ダミー）。材質や色は違うが、形状や重さは実物と同じに作られている。

▶勢揃いした口径120㎜および105㎜の各種砲弾。画面左側の4発は徹甲弾系の弾薬。左から、
120㎜戦車砲用10式装弾筒付翼安定徹甲弾（120TKG 10式APFSDS）、
120㎜戦車砲用JM33装弾筒付翼安定徹甲弾（120TKG JM33 APFSDS）、
105㎜戦車砲用93式装弾筒付翼安定徹甲弾（105TKG 93式APFSDS）、
105㎜戦車砲用M735装弾筒付翼安定徹甲弾（105TKG M735 APFSDS）。
右側の3発は対戦車榴弾系で、左から
120㎜戦車砲用JM12A1対戦車榴弾（120TKG JM12A1 HEAT）、
105㎜戦車砲用91式多目的対戦車榴弾（105㎜TKG 91式HEAT-MP）、
105㎜戦車砲用粘着榴弾（105TKG HEP）。

74式戦車用 105㎜戦車砲弾

▲右から93式徹甲弾、91式対戦車榴弾、粘着榴弾。粘着榴弾（HEPまたはHESH）は市街地戦闘用として再注目され、機動戦闘車（MCV）でも使用されることになっている。

90式戦車用 120㎜戦車砲弾

▲左側がJM33徹甲弾（通称“徹甲”）、右側はJM12A1対戦車榴弾（通称“対榴”）。90式戦車は、薬室の規格はJM33と同じでも、格段に強力な10式徹甲弾を撃つことはできない。

10式戦車用 120㎜戦車砲弾

▲左から10式徹甲弾、JM33徹甲弾、JM12A1対戦車榴弾。各戦車とも、ほかにそれぞれの口径用の00式演習弾、同じく各戦車砲用空包などを射撃することができる。

4種類の戦車に搭載される「74式車載7.62㎜機関銃」

［この項の写真／本田圭吾］

本書で取り上げたどの戦車にも搭載されているのが「74式車載7.62㎜機関銃」だ。62式7.62㎜機関銃をベースに、連射による過熱に耐える重銃身などを備えて車載化したもので、戦車砲の横に連なって装備されることから、陸自では「連装銃」と呼ばれている。今回、第1機甲教育隊の協力により初めて詳細に撮影することができた。

●戦車砲の揺架に装備されている機関銃は、砲を俯仰させる軸（砲耳軸）が共通なことから、一般に同軸機関銃と呼ばれることが多い。普段は隊舎の武器庫に収納されており、戦車を使う場合に、その都度搭載、卸下（しゃか）される（重機関銃と同様の扱いなのだが、記念行事の模擬戦の後など、注意しているつもりでも見逃してしまう）。連装銃の使い方は、対戦車ミサイルやRPGを持った敵が潜んでいそうな場所を発見したら、長い連射を加えるのが基本。数発ずつ区切って撃つようなことはしないそうだ。戦車は車内に数千発の弾薬を搭載し、連装銃は「冷却ブロア」によって強制空冷されるようになっている。搭載車種により、グリップの有無や槓桿の形状が異なるが、写真は74式戦車用の、いわゆる下車戦闘状態（弾薬は擬製弾）。三脚架は専用の収納袋に入れて戦車の任意の場所に搭載されるという。

5-2

5-2

陸上自衛隊第1機甲教育隊に聞く 陸上自衛隊の現用戦車

［人物写真／本田圭吾］

―― 本日はお忙しいところお時間を割いていただいて、ありがとうございます。

千葉　こちらこそ、興味を持っていただいてありがとうございます。我ども第1機甲教育隊を通して、陸上自衛隊に対する理解を深めていただけるのでしたら、できるだけのことをさせていただきます。

元島　2人とも機甲科の幹部で、戦車部隊の指揮経験がありますし、現在は教育部隊で教える立場におります。保全に関しても承知していますので、その上でニーズに合った情報提供が可能だと思います。

―― よろしくお願いします。では、さっそくお伺いします。いま戦車部隊の指揮経験とおっしゃいましたが。

千葉　私は最初に北海道の第7師団第73戦車連隊勤務を拝命しまして、戦車小隊長に上番（じょうばん）しました。

元島　陸自では勤務に就くことを上番といって、反対に、次の勤務が決まって、任を解かれる場合は下番（かばん）といいいます。

千葉　その後、同じ73連隊で5中長を経験しまして、第11偵察隊も指揮しました。

―― 第11師団も北海道ですね。「第5中隊長」の省略形は「5ちゅうちょう」ですか。

元島　ええ。話の上では「第」や「大隊」などの分かり切っているものは略します。例えば「第1機甲教育隊」は「1機甲」、「第1戦車大隊」なら「1戦車」という具合です。

―― 「1機教」ではないのがおもしろいですね。元島さんも北海道のご経験があるとお聞きしています。

元島　はい。私は研究員と教官の勤務も長いのですが、最初に任ぜられたのは、同じく7師団の71連隊3中隊の小隊長でした。そのときに連隊本部の3科長として着任したのが千葉さんです。

―― 長いお付き合いなんですね。

元島　はい、長いですね。研究員としては90式戦車の教範『戦車射撃』『90式戦車』の作成を担当しました。これはアメリカ陸軍の『タンクガナリー』に相当します。2戦車（連隊）では4中長として勤務しました。

―― 小隊から中隊レベルの戦車の動かしかたや戦術にも、興味を引かれます。ただ今回は、現在陸自が装備している4種類の戦車が第1機甲教育隊の1ヵ所に揃っているということで、個々の戦車についての特性や、おもしろいエピソードがあればを教えてください。

第24代
第1機甲教育隊長
1等陸佐
千葉 茂（ちば しげる）

昭和35年6月23日岩手県出身
血液型O型。趣味はゴルフとドライブ。部下に対する要望事項は「信頼と真心」
1敢実行 2即実行 3初弾必中

防大（電）27期
第7師団 第73戦車連隊第4中隊勤務を皮切りに、第73戦車連隊第5中隊長、第11偵察隊長などを歴任。前職の北部方面総監部人事部援護業務課長を経て現職。

74式戦車編

千葉　そうですね、74式戦車に関して印象に残っていることといえば、燃料補給に気を使うことがありました。

―― 昔のオートバイのような2サイクルエンジンなので燃費が悪く、補給回数が多かったとか？
千葉 いえ、燃費ではなく、構造上の問題です。戦車に複数装備されている燃料タンクを結んでいる配管に不具合があったのです。
元島 戦車の燃料タンクは、いくつかに分かれていまして、いわゆるメインタンクはエンジンの左右に配置されています。それぞれが配管で連結されていますが、74式の古いタイプでは、燃料の「戻り」といわれる機能に不具合があったのです。
千葉 機動訓練で相当な距離を走行したあとなど、それなりの燃料を使っているはずの状況で、いざ戦車の給油口にノズルを入れて補給しようとすると、「おい、ちっとも燃料が減ってないぞ」と。
元島 簡単に燃料の使い方を説明しますと、左右のタンクから均等に燃料を使い、本来であれば左右均等に燃料が戻っていくわけですが、先ほど説明した「戻り」の不具合により、片側のタンクだけに燃料が戻ってしまい、片方が満タン、片方が空に近いという、おかしな状況が発生したわけです。
―― 燃費がよすぎて燃量が減らなかったわけでもなかったんですね。
千葉 もちろん、現在では左右タンクの両方に均等に燃料が戻るように改善されているので問題はありません。

●歴史を感じさせる表札から分かるとおり、第1機甲教育隊庁舎の玄関に立つ千葉隊長。第1機甲教育隊は東部方面混成団の隷下にあり、機甲科隊員の新隊員教育および陸曹候補生の教育などを担任している。創隊は1962（昭和37）年で、駒門駐屯地にほぼ重なる歴史を刻んできた。

―― 射撃に関することで、印象に残っていることはありますか。
千葉 「HEP」の射撃には、独特の感覚を覚えました。現在では、HEPを射撃できるのは74式戦車（D）だけになりましたが。
―― 「粘着榴弾」と呼ばれる砲弾ですね。
元島 HEPは、プラスチック爆薬を装甲表面に粘着させてから爆発させるもので、爆発の衝撃波によって装甲の裏側、つまり戦車の車内側を剥離させる効果があります。イギリス式の呼称ではHESHです。
千葉 HEPは、徹甲弾に比べると砲弾の初速が遅いので、砲弾が1,500mくらい飛ぶと、照準スコープの視野から外れて見えなくなるんです。
元島 総火演などでご承知のように、砲弾の底部には曳光剤という火薬が組み込んであって、これが燃える光の軌跡を見ることができます。HEPは弾道が“山なり”なので、目標を照準しているスコープの視界の上に外れてしまいます。
―― それで、その先で弾が落ちてくると、また見えるようになるわけですね。
千葉 はい。APFSDS（装弾筒付翼安定徹甲弾）ですと、ほとんど弾道の低下はありませんので、スコープの狭い視野から外れることはありませんが、HEPは“消え”ます。
―― 普通科部隊の対戦車誘導弾の射撃を取材したときも、古いタイプでは弾道が安定するまでスコープに入ってこないというような話を聞きました。
元島 HEPは、弾速が遅いとはいえ砲弾ですから、誘導弾と比較したら数倍は初速が高い（速い）ですよ。
千葉 砲弾が山なりの弾道を描くので高角（仰角）を取りますが、初弾を外したと思ったら、弾着を待たずに2発目を撃ちます。
―― 弾着する前に命中か外れたか分かるものですか。
千葉 はい。事前に分かります。それで車長が砲手に照準の修正量を伝えて、すかさず次弾を射撃するわけです。
―― 弾着を確認してからでは遅いというわけですね。
千葉 相手も発砲焔を目がけて撃ち込んできますから、常に先手を取らないとやられてしまいます。
元島 近年では、市街地戦闘――ちなみに陸自では市街ではなく市街地と、「地」を入れて表記します――において、建物や掩体に対してのHEPの有効性から、いわゆる“バンカーバスター”として再評価されています。実は陸自の弾薬庫には、弾数はいえませんがそれなりの数量のHEPの在庫があります。現在評価試験中のMCV（機動戦闘車）の使用弾種にも入っています。
―― 装填手が配置される機動戦闘車では、装填作業や、装填手を含む4名でのチームワークを訓練するのに、当面74式戦車が必要だと以前お聞きしました。射撃訓練の面でも事情は同じですね。
千葉 これは3名乗員の戦車では訓練できませんから、機動戦闘車の数に余裕ができるまでは74式が使われることになるでしょう。
元島 HEPの特徴としては、間接射撃ができることも挙げられます。74式戦車（D）は陸自の現役戦車で唯一、10㎞くらい離れた直接視認できない目標に対して、榴弾砲のように間接射撃が可能となっています。
―― それは初めて聞きました。
元島 もちろん、そのための象限儀（間接照準具）も装備しています。
―― ところで、赤外線の投光器は、現在では懐中電灯を照らすように、わざわざ自分の位置を敵に知らせるようなものといわれます。
千葉 赤外線の照射については「自車投光」と「他車投光」という方法がありまして、敵に見つかりにくい他車投光を用います。射撃する戦車とは別の車両が照射を担当し、一瞬だけ敵に照射します。
元島 「赤外、照射用意」の号令で、射撃に任ずる戦車が射撃の準備態勢を取っておき、それに続く「照射」の号令に間を置かず、照準、射撃を行ないます。
―― 照射を担当した戦車が撃たれる前に、ほかの戦車が敵を撃ち倒すわけですね。
千葉 チームワークにより、手持ちの機材を有効に使いこなすことを考えます。

●第1機甲教育隊の応接室において、丁寧に解説を加えてくれる元島3佐。戦車部隊での勤務においては90式戦車に精通。研究員や富士学校での経験から74式戦車や10式戦車にも詳しい。自ら「戦車馬鹿」と称する本書にとっては願ってもない存在だ。

―― 機動に関しては、いかがでしょう。

千葉　北海道の「北海道大演習場」で、250km連続での夜間行進訓練がありました。このときは一定時間ごとに乗員の血圧チェックを行ない、健康面に特に配慮しました。

元島　行進中は、食事も戦車のなかで摂りました。

―― まさかトイレまで車内で、などということはありませんよね。

千葉　それは点検のついでに外で済ませます。あくまで「ついで」です。戦車の転輪はアルミ製ですが、あるとき隊員が「おい、転輪がないぞ!?」というんです。まさかと思って見ると、（2枚合わせになっている）内側の転輪が割れて、失くなっていました。

―― そんなことがあるんですか。

千葉　北海道では、アスファルトではなく、RC化（コンリート舗装）された一般国道がありますが、釧路から矢臼別まで自走したときには、振動でボルトが外れました。

元島　73APC（装甲車）でも、振動で無線機が壊れたことがありました。RC道を低速で走行し、共振現象を起こしたのです。。

千葉　ボルトの緩みがなければ転輪がぐらついたり、その揚げ句に割れるようなこともありませんから、点検は非常に重要です。

元島　戦車を降りたら、まず戦車の点検。トイレはそのあとですね。走行1時間毎に1回の点検は必須です。

千葉　列車や蒸気機関車などの車輪やボルトをハンマーで叩いて点検する映像を見たことがあると思いますが、戦車でも同じことが欠かせません。機甲科では、退職や退官の記念品として、ピカピカのハンマーを贈る風習があるんですよ。

―― ピカピカの点検ハンマーですか。塗りの額などを付けたら似合いそうですね。

千葉　夜間行進では窪地や水たまりが分からず、通路を外れることがありました。通称“ヤチボウズ”と呼ばれる暗渠のような場所にに履帯を落としたり、斜面を滑落したこともあります。

元島　落ちた場所が泥濘地などの場合は、牽引する車両が近づけません。そこで牽引ワイヤを3本、4本と繋いで、2両の戦車で引き上げげます。3両で牽いたこともあります。

―― 戦車回収車を呼ばないんですか。

千葉　都合よく回収車が近くにいれば別ですが、そうでない場合は戦車を使います。

元島　「後退用意」の号令でアクセルのタイミングを計り、「あとへ」で各車が息を合わせて牽くわけです。

―― そうした場合、どこまで乗員だけの手で作業するんでしょう。

千葉　履帯が切れた場合の交換は、以前は乗員が行なっていました。現在はDS――戦車直接支援隊の仕事です。

元島　昔は各戦車部隊の編成内に整備小隊があって、戦車回収車も装備していましたが、部隊改編によって後方支援連隊のDSに集約されています。

千葉　可能な限り乗員が作業しますが、そうした点では4名乗車の戦車のほうが有利ですね。警戒・監視時の“目玉の数”もそうですが、人数が物をいう場合が少なくありません。

―― それでは90式戦車のエピソードをお願いします。

90式戦車編

千葉　90式戦車は富士学校で小隊長を経験しました。

―― 74式戦車と比べてなにが大きく違いますか。

千葉　なによりスピードですね。走行速度が倍になると、判断するまでの時間が半分になります。次の交差点を左右どちらに進むかだけの指示でも、後方に位置する小隊長がスピードに負けて判断が遅れたら、先頭車両は交差点を通過してしまいます。

元島　サーマル（熱線映像装置）も、とにかくよく見えます。夜間の警戒監視では相手の火器まで分かりますから、ゲリコマ対処に際しては非常に効果が高いと思います。なにしろ、ゴムボートが水平線の向こう側に消えるくらいよく見えます。

―― 水平線の向こう側って、地球表面の曲率の話ですね。あとで距離を調べないと。

千葉　74式では明るいうちに照準をセットしておき、「評定射撃」を行ないます。

―― 三脚に載せたカメラの構図とピントをあらかじめ決めておく「置きピン」とまったく同じですね。

元島　周辺に基準点をいくつか決めて距離を測っておき、射撃の際にノートを参照することもあります。普通科の情報を基にしたり、敵側から見えない位置にケミカルライトを置いておく手もあり、要は創意工夫です。

千葉　戦車に乗るということは、戦車で暮らすようなものですから、ある意味では性能以上に居住性が大事でもあります。

―― 戦車での生活実感は興味があります。

千葉　90式は車長席がいちばん狭いんですよ。砲手席の背後には、もうひとり入れるほどの余裕がありますが、車長席は本当に狭いです。

元島　エコノミー症候群に罹るとしたら、車長だけでしょうね。それから冬場ですと、冷却ファンが後方なった90式のエンジンルームは思ったより暖かくありません。冷却ファンが上方に配置されている74式はかなり暖かいです。

千葉　砲尾環（砲尾ブロック）の上には、テーブル代わりにモノが置けますし、あらゆる隙間には食糧を入れます。まあ、このあたりは90式に限ったことではありませんが。

―― 狭いと、横の壁にもたれてひと休みするにはいいような気がします。

元島　それが、ちょうど電子機器のヒートシ

第1機甲教育隊管理科長
3等陸佐
元島研也（もとじま けんや）

昭和42年11月4日東京都出身
血液型AB型。趣味は模型製作。

大東文化大学外国語学部英語学科卒業。一般幹部候補生。第71戦車連隊第3中隊をはじめに、富士学校教官や研究員を歴任、新戦車も担当。イラク復興業務支援では対外調整幹部。第2戦車連隊第4中隊長、東部方面総監部人事部人事課などを経て現職。

ンク（放熱用部品）があって、フィンが顔に当たって非常に具合がよろしくない。
千葉　任務中に寝られたら隊長としては困るので、それに関してはノーコメントです。

74式戦車(G)

――　74(G)は少し立ち位置が微妙な戦車ですね。
元島　74式に90式のいいところを移植したようなもので、車番の「95」に続く4桁の最初の数字が74式と違うので分かると思いますが､74式とは別の戦車として採用されました｡90式戦車の技術導入により、新しい分だけサーマルは90式のものより映りがよくなりました。本当によく見えます。
千葉　74(G)のために開発された93式徹甲弾（APFSDS）は、ほかの74式でも撃てますから､74式の名誉のためにも、ここは強調しておいてください｡74式はアップデートされずに長年放置されていたわけでは決してありません。

10式戦車とまとめ

――　さて10式戦車に関しては“C3”仕様で無線機が新型になりました。
元島　10式戦車の場合は、特徴のひとつとして「拡張性」を謳っていますが、当初は従来の「車両無線機」と10式専用の「データ専用無線機」――通称“デ専”といいます――を搭載していました。“C3”では新型の｢車両無線機」が搭載されましたが、さらに今年度末に納品される“C4”では､デ専によらず､コータム（広帯域多目的無線機）のデータ通信機能を使うようになります。
――　ほとんど調達年度毎に、何かしらが変わるのですね。
元島　アメリカ軍と同様の｢スパイラル開発」です｡10式戦車は、コンピュータや戦闘機などに発想が近い部分をもっています。

●終始笑みを絶やさない第1機甲教育隊長・千葉1佐。北海道での部隊勤務における数多くのエピソードを披露していただいた。北海道で乗っていた74式戦車が、九州の部隊を経て、第1機甲教育隊に管理換されてきたときには、その巡り合わせに感慨深かったそうだ。自分が乗った戦車の車番は決して忘れないという。

――　ところで、これら4車種をひとくくりで特徴づけているのは何でしょうか。
元島　すべてが「レーザ測距が可能になってからの戦車」といえます。これはカメラでいえばオートフォーカスと同じで、マニュアルでハンドルを回して、ベストの位置を行ったり来たりで探す必要がありません。測距ボタンを押せば、弾道計算機のデータに合わせて照準スコープのレチクルが自動調整されます。
――　AFカメラで焦点の合った測距点が赤く光って知らせてくれるのと同じですね。
元島　61式までの光学式レンジファインダー（測遠器）に対して、圧倒的に迅速正確な射撃が可能になっています。それから、どれも“各世代の最後になって出てきた時代遅れの戦車”というような解説が見られます。しかし、見方を変えれば、それぞれが半世代を先取りしているという言い方もできます｡｢いいとこ取り」ではありませんが。
――　レオパルト2のマネともいわれることもある90式戦車も、レオ2がA5に改良されてようやく追いついたサーマルのような先進機能があります。
元島　ALS（自動装填装置）の第2世代を使っているのは、世界でも陸自だけです。それから、どの戦車もアップデートされていることを強調しておきます｡74式の無線機は69式から始まって､85式、新野外、コータムと更新されています｡90式にも、T-ReCS（基幹戦車連隊指揮統制システム）を搭載した改良タイプがあります。新しい野外無線機にも、ReCSの量産仕様ともいえるコータムにもデータ通信機能が備えられています。デジタルマップの受け渡しができるんですよ。ネットワーク化も確実にバージョンアップしていることを書いてください。
――　よくわかりました。本日はたくさんの興味深いお話をありがとうございました。
（2014年3月14日、第1機甲教育隊にて）

●駒門駐屯地創立54周年記念行事の予行において、観閲行進部隊指揮官車として行進する10式戦車。車長席には千葉1佐、砲主席には元島3佐が乗車している。10式戦車には駒門駐屯地を表現したスペシャルマークが表示されている。2014年4月3日。

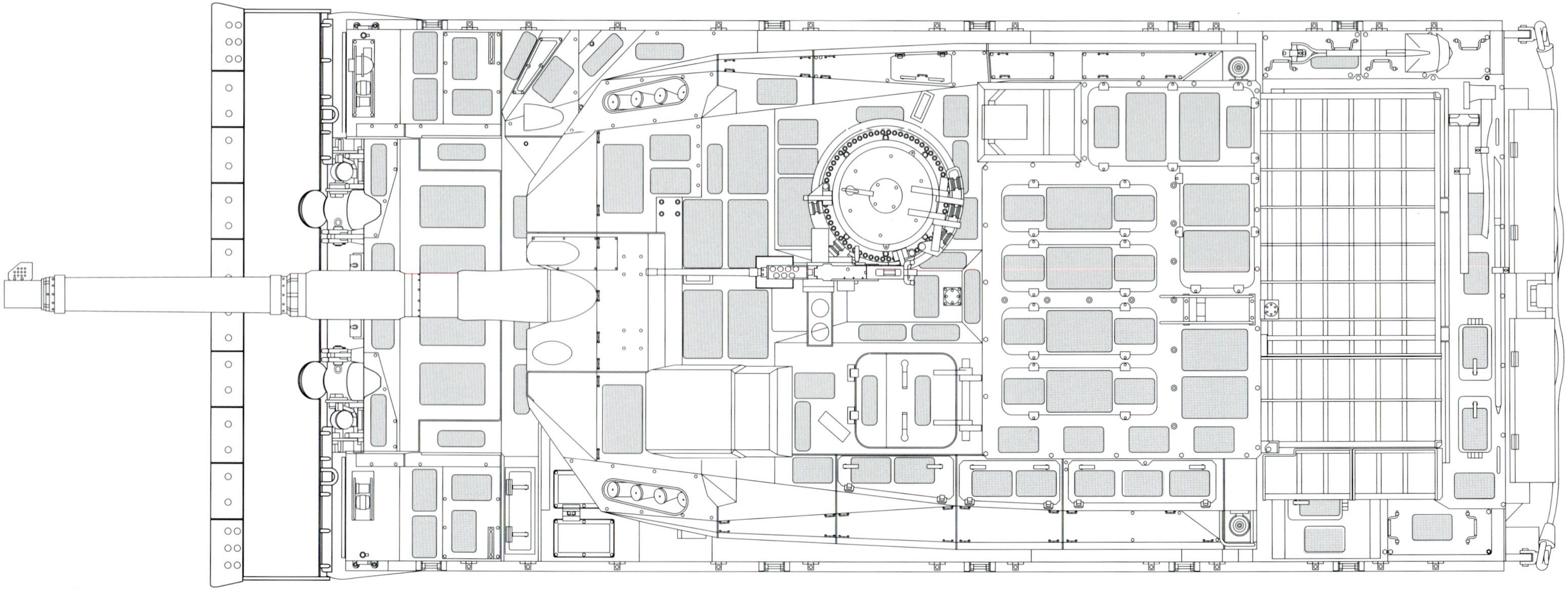

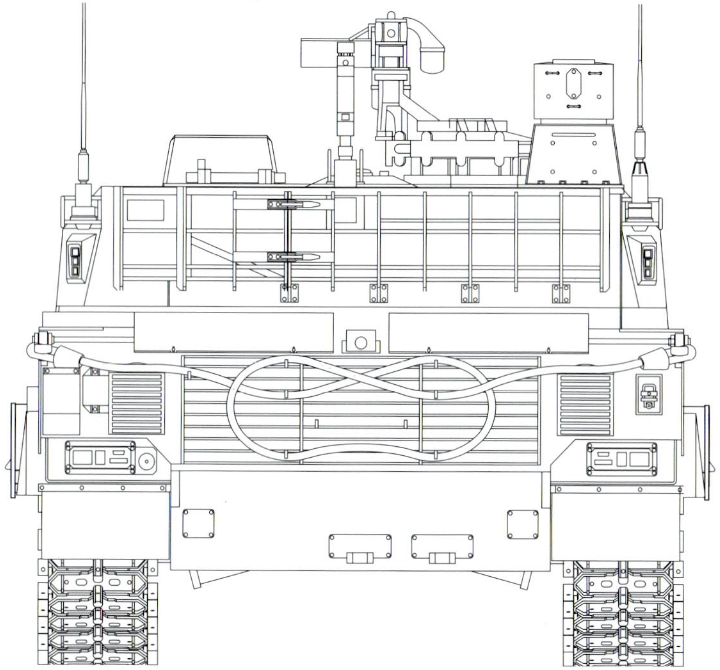

写真は、第2戦車連隊の改編に伴う編成完結式において行進する「ドーザ装置付き10式戦車」。砲塔のサイドモジュールには、ローマ数字の「II」に、いかにも上富良野らしいラベンダー色の「4」をデザインしたマークが描かれている。2014年3月26日の撮影で、第2戦車連隊第4中隊には本車を含む約10両の10式戦車が配備された。
[写真／黒川省二朗]

ドーザ装置付き10式戦車 1/35スケール精密図面

原画作図／山田稔修（Raupen model）
ドーザ装備作図／日野 智

●ここに掲げる精密図面は、「付属装置付き10式戦車」として初めて姿を現した「ドーザ装置付き10式戦車」である。このタイプの10式戦車は、2014年現在、第3期調達（C3）による生産ロット13両のうち、1両だけが製造され、北海道・上富良野駐屯地に所在する、第2戦車連隊に配備されている。

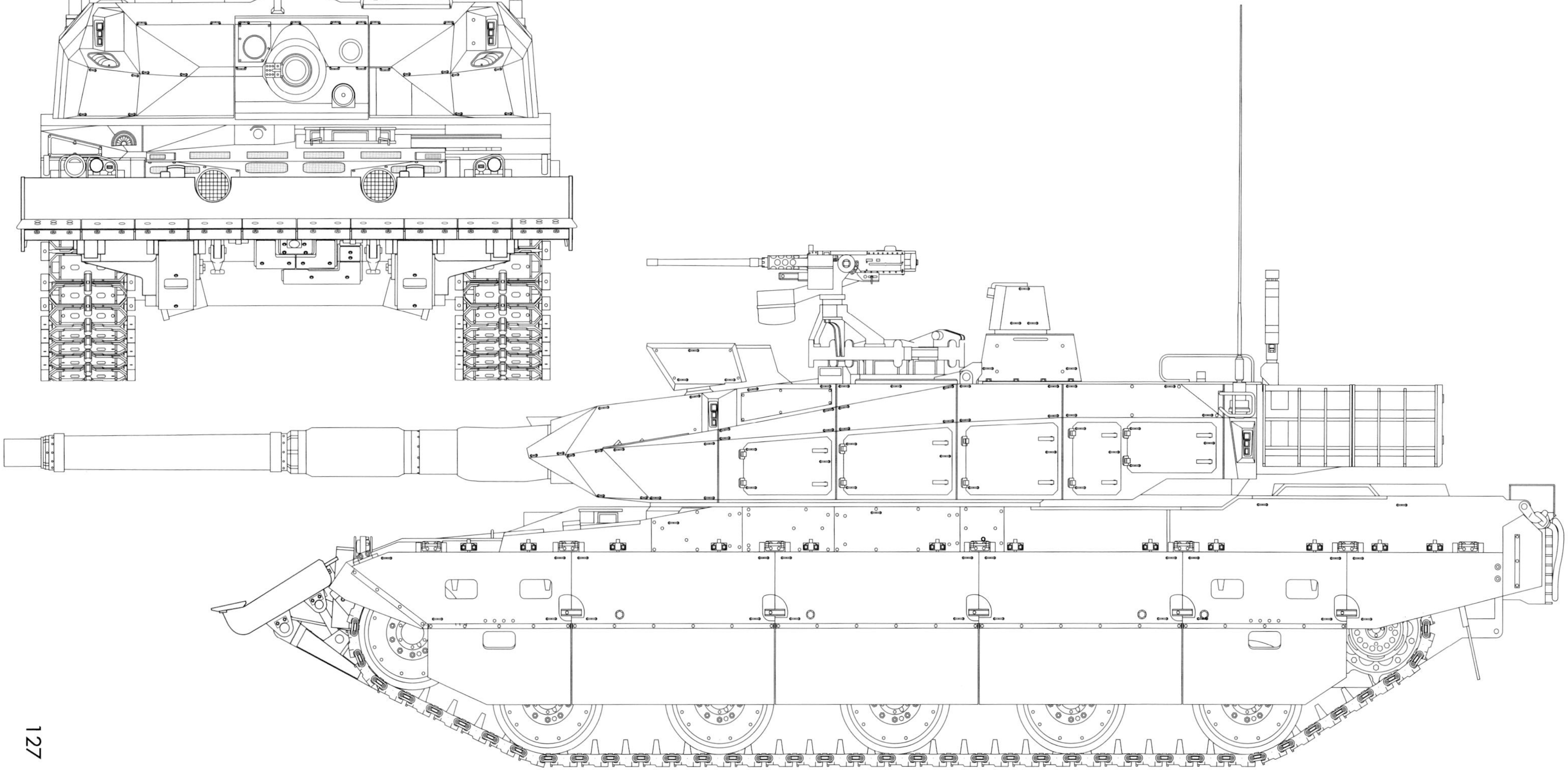

写真　纐纈 成・本田圭吾（インタニヤ）・岡崎雄昌・黒川省二朗・岩本富士雄・浪江俊明（特記以外）

テキスト　浪江俊明

カバーデザイン　大村麻紀子

本文デザイン　丹羽和夫＆横川 隆（九六式艦上デザイン）

本文DTP　小野寺 徹

取材協力　防衛省 陸上幕僚監部広報室
陸上自衛隊 富士学校広報班・富士学校機甲科部・富士教導団・戦車教導隊
第1機甲教育隊・第1戦車大隊・第1後方支援連隊戦車直接支援隊・第2戦車連隊・第72戦車連隊
駒門駐屯地広報班・滝ヶ原駐屯地広報班・土浦駐屯地広報援護班・高等工科学校広報班

陸上自衛隊 現用戦車 写真集

発行日　2014年 8月24日　初版第1刷

編者　浪江俊明

発行人　小川光二

発行所　株式会社 大日本絵画
〒101-0054 東京都千代田区神田錦町1丁目7番地
Tel. 03-3294-7861（代表）
URL., http://www.kaiga.co.jp

編集人　市村 弘

企画・編集　株式会社 アートボックス
〒101-0054 東京都千代田区神田錦町1丁目7番地
錦町一丁目ビル4F
Tel. 03-6820-7000（代表）　Fax. 03-5281-8467
URL. http://www.modelkasten.com/

印刷・製本　大日本印刷株式会社

◎内容に関するお問い合わせ先：03（6820）7000　（株）アートボックス
◎販売に関するお問い合わせ先：03（3294）7861　（株）大日本絵画

Publisher; Dainippon Kaiga Co., Ltd.
Kanda Nishiki-cho 1-7, Chiyoda-ku, Tokyo 101-0054 Japan
Phone 81-3-3294-7861
Dainippon Kaiga URL. http://www.kaiga.co.jp.

Editor; ARTBOX Co.,Ltd.
Nishikicho 1-chome bldg., 4th Floor, Kanda Nishiki-cho 1-7, Chiyoda-ku, Tokyo 101-0054 Japan
Phone 81-3-6820-7000
ARTBOX URL; http;//www.modelkasten.com/

ISBN978-4-499-23139-8